材料科学与工程实验系列教材

金属腐蚀与防护实验教程

主　编　于金库　王利民　乔　琪
副主编　李　伟　李晓普　王　鹏
主　审　许哲峰　张静武

燕山大学出版社
·秦皇岛·

图书在版编目(CIP)数据

金属腐蚀与防护实验教程/于金库,王利民,乔琪主编.—秦皇岛:燕山大学出版社,2022.7
 ISBN 978-7-5761-0382-3

Ⅰ.①金… Ⅱ.①于… ②王… ③乔… Ⅲ.①腐蚀—教材②金属—防腐—教材 Ⅳ.①TG17

中国版本图书馆 CIP 数据核字(2022)第 144480 号

金属腐蚀与防护实验教程
于金库 王利民 乔琪 主编

| 总 策 划：陈　玉 |
| 责任编辑：唐　雷 |
| 封面设计：吴　波 |
| 出版发行：燕山大学出版社 YANSHAN UNIVERSITY PRESS |
| 地　　址：河北省秦皇岛市河北大街西段 438 号 |
| 邮政编码：066004 |
| 电　　话：0335-8387555 |
| 印　　刷：廊坊市印艺阁数字科技有限公司 |
| 经　　销：全国新华书店 |
| 开　本：710 mm×1000 mm　1/16　印　张：10　字　数：220 千字 |
| 版　次：2022 年 7 月第 1 版　　　　　印　次：2022 年 7 月第 1 次印刷 |
| 书　号：ISBN 978-7-5761-0382-3 |
| 定　价：52.00 元 |

版权所有　侵权必究
如发生印刷、装订质量问题,读者可与出版社联系调换
联系电话:0335-8387718

内 容 提 要

《金属腐蚀与防护实验教程》是材料科学与工程实验系列教材之一，是根据高等学校材料科学与工程一级学科中"金属腐蚀与保护"课程教学的基本要求和"双一流"建设对实践教育改革的需要而编写的。该实验教程分为绪论、原理实验、综合与设计实验。原理实验部分包括20个实验，围绕金属腐蚀与防护基本理论选择实验内容。通过原理实验加深学生对金属腐蚀与防护的基础知识的理解，在腐蚀与防护基本实验原理与实验操作等方面得到初步训练。能够针对金属腐蚀与防护基本原理和规律等问题，设计并实施验证实验，采集数据，对实验数据进行分析，得出结论，熟悉相关实验测试设备及其使用方法等。综合与设计实验包括5个实验，选择了具有代表性的实验内容，集综合性、科学性、主动性和兴趣于一体，旨在提高学生的创新能力、动手能力及学习的主动性，这也是本实验教程的特色。

本实验教程既可作为"金属腐蚀与防护""腐蚀电化学""腐蚀与控制工程""金属腐蚀学"等课程的配套实验教材，也可用于材料学、材料化学、腐蚀工程等专业方向单独开设的实验课程教学。与此同时，也希望能对从事腐蚀与防护研究及工程应用的研究生和工程专业技术人员有所帮助和参考。

序　言

腐蚀与防护是一门研究材料在各种不同环境条件下，材料表面形态演变、过程作用规律、影响因素、测试技术及控制措施等的综合性学科。其主要目的是认识材料腐蚀过程中的基本规律和机理，获取与积累材料腐蚀数据，并不断发现新的耐蚀材料、保护方法、评价与检监测技术手段等。目前，在高等学校本科生教学中，腐蚀与防护课程的理论内容常以"金属材料腐蚀与防护""腐蚀电化学""金属腐蚀学""腐蚀与控制工程""表面科学与工程"等课程的形式出现在材料、化工、石油、机械、冶金等专业课程中；而实验教学内容则相对较少，且缺乏系统性和完整性。

《金属腐蚀与防护实验教程》是高校金属材料工程、化学工程等金属腐蚀与防护课程的实验教材，是金属学、电化学等基础知识结合腐蚀与防护理论进行防护训练的重要组成部分。

本书根据燕山大学材料科学与工程学院"金属腐蚀与防护"课程教学大纲，在多年教学实践基础上，经过总结、修改和不断创新编写而成。本书的任务是使金属材料工程专业的学生在学习物理化学实验、材料科学基础实验、材料工程基础实验、分析化学实验等课程的基础上，进一步培养学生应用所学基础知识，提高分析问题和解决问题能力的一门独立实验课程，同时又与其他基础材料学科、基础化学学科及腐蚀与防护学科有着密切的联系。金属腐蚀与防护实验着重培养学生的动手能力，使学生通过系统的学习与实践，毕业后能立刻从事相关领域工作，在较短的时间内成为腐蚀与防护领域的高级人才。

"双一流"建设计划的启动及工程教育改革的全面展开，对学生的实验技能和工程实践能力要求越来越高。在此情况下，2018年10月11—14日在西北工业大学召开了第六届高等院校材料科学与工程实验教学研讨会，会议围绕材料科学与工程实验教学改革的新理念与新思路、材料科学与工程课程实验教学的改革与实践、实验教学开放与创新管理、材料科学与工程实验教学队伍建设、国家级虚拟仿真实验教学项目建设及推广等开展深入的探讨，旨在研究实验教学改革、交流实验教学经验、开展课程协作，以提高"材料科学与工程系列实验"的教学质量和教学水平。本实验教程就是根据本次研讨会的会议精神和金属腐蚀与防护课程的教学要求而编写的。

全部实验内容以金属腐蚀与防护基本技术为重点，绝大部分实验内容具有很强的应用性，通过实验使学生达到理论联系实际的目的，培养学生学习的主动性、创造性，提高学生的实际动手能力及分析问题和解决问题的能力。金属腐蚀与防护的方法很多，本书主要选择最基础的实验内容，共包括25个实验。整体分为3章：第1章为绪论；第2章为原理实验，包含20个实验，主要目的是培养相关专业学生的基本实验方法及技能；第3章为综合设计实验，包含5个实验，教师给出实验目的、实验要求和实验仪器等，学生根据实验原理自行选择实验方法，根据实验结果进行数据处理，并得出实验结论。综合设计实验体现了综合性和设计实验特点，是学生在掌握了金属腐蚀与防护实验基本操作技能的基础上，开设的难度较大的实验。通过综合设计性实验的训练，进一步提高学生综合实验的能力，逐步培养学生综合运用所学知识解决实际问题的能力;培养学生理论联系实际、分析问题和解决问题的能力;培养学生良好的科学素养、严谨的学风和创新能力。为学生顺利完成"毕业论文"奠定基础,同时为培养金属腐蚀与防护专业人才打下坚实的基础,这也是本书的主要特色。

另外,实验中选用的金属材料包括黑色金属、有色金属,目的是使学生毕业后能适应不同领域。如在机械工程、石油化工、仪器仪表、电子工业、航空航天、船舶、冶金、建筑材料、轻纺工业、医疗器械、日用五金等领域内广泛就业。

本书由燕山大学材料科学与工程学院综合实验室于金库、王利民、乔琪主编。于金库负责绪论、实验一至实验十及实验二十一至实验二十五的编写,参加编写的还有教学团队的王利民(实验十一至实验十三)、李伟(实验十四至实验十六)及李晓普、王鹏、乔琪老师(实验十七至实验二十及附录),由李晓普、研究生王妍和研究生高晓敏承担本书的部分文字输入工作。全书由于金库研究员进行最后的统一整理,由教学团队的许哲峰、张静武主审,同时燕山大学材料科学与工程学院材料综合实验教学中心主任李伟教授在百忙中仔细审阅了全书,并提出许多宝贵意见和建议。本书的出版得到了燕山大学材料科学与工程学院国家级材料综合实验教学中心的资助,另外,燕山大学出版社的编辑对本书的出版进行了大量细致的工作。编者借此机会,对他们深致谢意。

本书编者虽作了很大努力,但由于编者水平有限、编写时间仓促,不足之处难以避免,敬请读者批评指正,以便再版时修正。

编 者

2022 年 6 月于秦皇岛

目 录

第1章 绪 论 ... 1

1.1 金属腐蚀的基本概念 ... 1
1.2 金属腐蚀与防护的重要性 ... 1
1.3 金属腐蚀实验的目的与意义 ... 3

第2章 原理实验 ... 7

实验一 腐蚀试样、电化学试样的制备 ... 7
实验二 涂料性能检测 ... 9
实验三 涂膜性能测定 ... 17
实验四 恒电位法测定阳极极化曲线 ... 22
实验五 塔菲尔直线外推法测定金属的腐蚀速度(恒电流法) ... 26
实验六 电偶腐蚀速度的测定 ... 30
实验七 高温下金属氧化速度的测定 ... 35
实验八 奥氏体不锈钢的晶间腐蚀 ... 39
实验九 应力腐蚀实验——恒变形方法 ... 44
实验十 应力腐蚀实验——恒负荷方法 ... 49
实验十一 无铵氯化物镀锌 ... 54
实验十二 重量法测定金属腐蚀速度 ... 58
实验十三 用线性极化技术测定金属腐蚀速度 ... 64
实验十四 电位-pH 图的应用 ... 68
实验十五 弱极化区金属腐蚀速度的电化学测定 ... 71
实验十六 计算机程序设计(Q-BASIC 语言)及数据处理 ... 77

	实验十七　用动电位扫描法测定金属的阳极极化曲线 ……………… 88
	实验十八　测定孔蚀诱导期 ……………………………………………… 90
	实验十九　电刷镀 ………………………………………………………… 93
	实验二十　热喷涂 ………………………………………………………… 95

第3章　综合与设计实验 ……………………………………………………… 97

	实验二十一　不锈钢腐蚀行为的电化学综合评价实验 ……………… 97
	实验二十二　应力作用下金属腐蚀过程的综合研究实验 …………… 109
	实验二十三　涂料的设计与制备综合实验 …………………………… 117
	实验二十四　腐蚀产物膜的综合分析实验 …………………………… 123
	实验二十五　锈蚀碳钢磷化及磷化膜性能检验实验 ………………… 130

附　　录 ……………………………………………………………………… 143

参考文献 ……………………………………………………………………… 146

第1章 绪 论

1.1 金属腐蚀的基本概念

腐蚀(corrosion)一词来源于拉丁文"corrdere",原意为损坏或腐烂。最早科学家是从腐蚀产物逐步认识金属腐蚀的,因此对于腐蚀的定义其实就是对金属腐蚀的定义。许多著名学者对于腐蚀的定义给出了经典的描述:

(1) 材料因与环境反应而引起的损坏或破坏;
(2) 除了单纯机械破坏之外的一切破坏;
(3) 冶金的逆过程;
(4) 材料与环境的有害反应;
(5) 金属由元素态转化为化合态的化学变化及电化学变化。

金属腐蚀是金属在周围介质(通常为液体或气体)的作用下,由于化学变化、电化学变化或物理溶解作用而引起的破坏或变质。这一定义明确指出了金属发生腐蚀必须有外部介质的作用,单纯机械作用引起的金属磨损不属于腐蚀的范畴,同样融化、蒸发和断裂等也不属于腐蚀范畴。

1.2 金属腐蚀与防护的重要性

金属的腐蚀主要是和空气中的氧气和水发生了化学作用而生成表面的化合物质,防护是对金属表面进行处理,比如涂上一层防水材料成电化学防腐等。金属遭到腐蚀后会影响其本身的强度,妨碍其使用,每年由于金属腐蚀造成的损失是巨大的。因此,防护的意义就显得很重要了。

腐蚀科学在国民经济中占有非常重要的地位,因为金属腐蚀直接关系到人民的生命财产安全,关系到工农业生产和国防建设的安全。国民经济的各部门大量地使用金属材料,而金属材料在绝大多数的情况下,因为与腐蚀性环境接触而发生腐蚀。因此,腐蚀与防护是很重要的问题。

腐蚀往往带来的是灾难性的后果。例如,1982年9月17日,一架日航DC-8喷气式客机在上海虹桥机场着陆时,突然失控冲出了跑道,对飞机和旅客造成了极大的伤害。事故之后经过调查分析,原因是飞机刹车系统的高压气瓶发生了晶间应力腐蚀而爆炸,导致飞机刹车失灵。

在美国西弗吉尼亚州和俄亥俄州之间的一座桥梁,于1967年12月的一天突然坍塌,当时桥梁上的车辆和行人纷纷坠入河中,造成46人死亡。事后经专家技术鉴定,是钢梁因应力腐蚀和疲劳的联合作用,产生裂缝不堪重负而断裂。

1968年我国威远至成都的输气管道因腐蚀造成泄漏爆炸,死亡20余人;四川气田,因阀门腐蚀破裂漏气,造成火灾,绵延22天,损失6亿元人民币;天津某纺织厂,锅炉因为腐蚀而爆炸,锅炉顶盖冲破屋顶飞出数十米远,当场死亡10余人。这些血淋淋的例子都告诉我们金属腐蚀是极其危险的,造成的后果也是无法想象的。

金属材料腐蚀几乎存在于工业生产和生活设施的每个领域,因此,由于金属材料腐蚀而造成的损失是巨大的。美国国家标准局1975年公布的统计结果表明,美国当年腐蚀的直接经济损失为820亿美元,按这一结果估计,1998年为2 800亿美元,2020年为9 000亿美元。它比火灾、水灾(15年平均值)、风灾和地震(50年平均值)等自然灾害年损失的总和(1975年为125.3亿美元)还要大得多。根据美国及苏联预测,世界上每年由于腐蚀而报废的金属设备和材料相当于当年金属年产量的20%~40%,其中大约有10%因腐蚀无法回收,而腐蚀所造成的间接损失更是数倍于直接损失。

如《中国腐蚀调查报告》指出,2000年我国因腐蚀造成的直接损失约2 288亿人民币,占我国GNP的2.4%;若计入间接损失,腐蚀的总损失可达5 000亿元,约占我国GNP的5%。

除经济损失外,材料的腐蚀也会对材料构件如桥梁、船舰、化工容器等的安全造成威胁。与此同时,材料的腐蚀也会加速自然资源的损耗和浪费,如我国每年因腐蚀消耗的钢材约为19 000万吨,占我国钢产量的1/3。此外,由于材料的腐蚀问题,还会引起环境污染,从而导致水和土地资源的紧缺。因此,研究腐蚀规律、解决腐蚀破坏问题,就成为国民经济中迫切需要解决的重大问题。

金属材料专业、金属成型专业和化学工程专业的技术人员,担负着材料成分设计、材料选用及材料保护的重要任务,将防护问题考虑在任何一项工程的设计中,将损失减至最低,这就要求材料研究人员和管理人员自觉运用腐蚀与防护规律。因此,掌握腐蚀防护技术,是材料、成型专业和化学工程专业技术人员和管理人员的一项基本要求。

1.3 金属腐蚀实验的目的与意义

金属腐蚀科学的基础理论框架是在20世纪前半叶确立的。英国剑桥大学著名的电化学家伊文思(Evans)在1929年建立了金属腐蚀理论的金属极化图。1933年著名的德国腐蚀学家瓦格纳(C. Wagner)建立了氧化扩散理论,并在1938年正式提出了混合电位理论,对于孤立金属电极的腐蚀现象进行了较完善的解释。1938年比利时电化学家布拜(M. Pour-baix)在他的博士论文中提出了著名的电位pH图。1928年,美国阴极保护之父库恩(Rohen J. Kuhn)在新奥尔良一条长输天然气管线上安装了第一台阴极保护整流器,由此开创了管道阴极保护的实际应用。20世纪中叶,著名电化学家、苏联科学院院士弗鲁姆金(A. H. Frumkin)、苏联科学院通信院士阿基莫夫(G. V. Akimov)及其继承人、苏联科学院物理化学研究所所长托马晓夫(N. D. Tomashov)等分别从金属溶解的电化学历程与金属组织结构和腐蚀的关系方面提出了许多新见解,进一步发展和充实了金属腐蚀科学的基本理论。从金属腐蚀科学的发展可见,最早从事金属腐蚀与防护的科学家多为化学家。这些著名化学家提出的金属腐蚀理论既奠定了金属腐蚀科学成为一门独立学科的基础,也说明了金属腐蚀科学理论的发展离不开化学,特别是电化学理论的发展。化学理论和实践的进步为金属腐蚀与防护科学的建立奠定了强大的基础,由此诞生了这门跨学科的技术科学——金属腐蚀与防护。

腐蚀科学与工程,或材料的腐蚀与防护、材料腐蚀学,是一门研究材料在各种环境条件下的表面形态演变、过程作用规律(化学/电化学的、热力学/动力学的)、影响因素、测试技术及控制措施的综合性技术学科。其主要内容是认识材料腐蚀过程的基本规律和机理,获取与积累材料腐蚀数据,并发展耐蚀材料、保护方法、评价与检监测技术等。作为技术性学科,腐蚀实验方法与测试技术在腐蚀科学与工程中占有十分重要的地位和作用。一方面,腐蚀科学的理论和规律都要经过腐蚀实验的验证,从而使理论变得直观;另一方面,发展的防护技术和控制措施也要在腐蚀实验过程中加以考核,因为只有这样才能真正解决工程实际应用中遇到的材料腐蚀问题。

在大多数情况下,进行腐蚀实验的目的是测定材料在特定条件下的耐蚀性，从而给出该材料在服役条件下所表现出的腐蚀行为信息：

(1) 在给定环境中确定各种防蚀措施的适应性、最佳选择、质量控制途径和预计采取这些措施后构件的服役寿命；

(2) 评价材料的耐蚀性能；

(3) 确定环境的侵蚀性，研究环境中杂质、添加剂等对腐蚀速度、腐蚀形态的作用；

(4) 研究腐蚀产物对环境的污染作用；

(5) 在分析构件失效原因时作再现性实验；

(6) 研究腐蚀机制。

我国十分重视金属腐蚀与防护的研究，也十分重视金属腐蚀与防护人才的培养。我国许多大学的化学院系或与化学相关的院系都开设了与金属腐蚀与防护有关的课程，"金属腐蚀与防护实验"就是在这样的背景下诞生并逐步成熟的。

金属腐蚀与防护实验是在学生完成无机化学实验、分析化学实验、有机化学实验、物理化学实验的基础上开设的一门实验课程，其主要目的是使学生初步了解金属腐蚀与防护的研究方法，掌握金属腐蚀与防护的基础实验技术和技能，学会重要的材料性能的测定，熟悉金属腐蚀与防护实验现象的观测和记录、实验条件的判断和选择、实验数据的测量和处理、实验结果的分析和归纳等一套严谨的实验方法。通过金属腐蚀与防护实验课程，培养学生实事求是的科学态度、严谨细致的实验作风、熟练正确的实验技能、分析问题和解决问题的能力。

金属腐蚀与防护实验课程由下列三个环节组成。

(1) 完成12~16个金属腐蚀与防护实验的实际操作训练。这些实验应包括10~12个原理实验及2~5个综合与设计实验。原理实验通常保证每名学生1套仪器，独立完成实验内容。综合与设计实验一般由2名学生组成一个实验小组，通过协商、讨论一起完成实验内容。

(2) 教师对金属腐蚀与防护实验方法和实验技术进行较系统的讲授，可安排2~3次专题讲座，每次2学时，讲座内容既包括本实验的基本原理、实验设计思想、安全防护、数据处理、文献查阅和报告书写等基本要求，同时还应较系统地介绍金属腐蚀与防护的实验方法和实验技术，如失重法、电化学技术、仪器的使用及注意事项等。

（3）课程结束时进行一次金属腐蚀与防护实验考核，考核形式可以是口试、笔试或单元操作等方式。

12~16个实验的操作训练，是本课程的中心环节，通过它可以初步掌握许多腐蚀与防护测量和实验方法，学会基本的实验技能，并对实验结果进行分析和归纳，得到真正的结论。因此，在进行每一个具体实验时，要求做到以下几点：

（1）实验前的预习：学生应事先认真仔细阅读实验内容，了解实验目的要求，并写出预习提纲（包括实验测量所依据的扼要的原理和实验技术，实验操作的计划，标注好实验的注意点，数据记录的格式，以及预习中产生的疑难问题等）。教师应检查学生的预习情况，进行必要的提问，并解答疑难问题，学生达到预习要求后才能进行实验。

（2）实验操作：学生进实验室后应检查测量仪器和试剂是否符合实验要求，并做好实验的各项准备工作，记录实验条件。具体实验操作时，要求仔细观察实验现象，详细记录原始数据，严格控制实验条件。整个实验过程要有严谨的科学态度，做到清洁整齐，有条有理，一丝不苟；还要积极思考，善于发现和解决实验中出现的问题。

（3）实验报告：实验后学生必须将原始记录交教师签名，然后正确处理数据，写出实验报告。实验报告应包括：实验目的要求、简明原理、实验仪器和实验条件、具体操作方法、数据处理、结果讨论及参考资料等。其中结果讨论是实验报告的重要部分，主要指实验时的心得体会，做好实验的关键、实验结果的可靠程度、实验现象的分析和解释，并对该实验提出进一步的改进意见。

教师对每一个实验，应根据实验所用的仪器、试剂及具体操作条件，提出实验结果或数据的要求范围，学生如达不到此要求，则必须重做该实验。

金属腐蚀与防护实验考核是本课程不可缺少的环节，它包括平时每个实验的考核和课程结束后的阶段考核。平时实验考核侧重实验基本技能和实验素质的素查，阶段考核则注重实验综合能力的考查。

总之，通过一定时间系统的训练，要求学生达到如下的基本能力：

（1）掌握腐蚀与防护的基本研究方法、试验技术和计算机应用的基本技能；

(2) 具有合理选择耐蚀材料和采取防护措施的能力;
(3) 具有进行防腐工程设计的初步能力;
(4) 具有腐蚀与防护工程经济分析和生产的组织管理能力;
(5) 具有耐蚀新材料,防腐新工艺、新技术的初步研究开发的能力。

第 2 章　原理实验

实验一　腐蚀试样、电化学试样的制备

一、实验目的

学会一种用树脂镶制电化学试样的简易方法。学习电烙铁的安全使用方法,学习焊接金属试样的方法。

二、实验材料和药品

金属试样、具有塑料绝缘外套的铜杆、聚氯乙烯塑料套圈、砂纸、电烙铁、焊油、焊锡丝、玻璃板、玻璃棒、玻璃烧杯、托盘天平、乙二胺、环氧树脂。

三、实验步骤

1. 焊接金属样品:将金属试样的所有面都用金相砂纸打磨光滑,然后清洗干净待用。

2. 将电烙铁插头插在电源孔中通电加热,待电烙铁尖端呈红色时,用其尖端蘸少许焊油,再接触焊锡丝,待焊锡丝熔化后,将带塑料外套的铜杆焊在金属试样上。

3. 将锯好的 5 mm 厚的聚氯乙烯套圈打磨平整待用。

4. 用粗天平在玻璃烧杯中称取 100 g 环氧树脂,再称取 5~8 g 固化剂(乙二胺)倒在盛有 100 g 环氧树脂的烧杯中,用玻璃棒搅拌 10 min,然后把塑料圈放在光滑的玻璃板上,把金属试样放在聚氯乙烯圈内中央部分。

5. 把配制好的环氧树脂倒入摆好金属试样的聚氯乙烯塑料圈内。

6. 24 h 后,对固化好金属试样进行磨制、抛光。

四、实验中的注意事项

1. 焊接金属试样时,因电烙铁尖端部位的温度最高,因此要用尖端部位进

行焊接。焊接时,要先在金属试样上焊点焊锡丝,再将铜杆尖端也焊上些焊锡丝,然后把两个焊锡点进行焊接,这样既容易焊上又能焊牢固。

2. 手不要接触电烙铁及金属部分,以免烫伤。

实验二 涂料性能检测

Ⅰ 涂料黏度测定

一、概述

测定黏度是测定高分子聚合物分子量的一种方法。在涂料生产中,可以通过对黏度的测试来表示涂料及树脂聚合度或分子量大小,涂料的分子量太低会影响涂膜的物理机械性能,而分子量过高,会造成涂刷性和流平性差,不能使涂料充分发挥其保护和装饰作用。因此,在涂料生产中,对涂料和树脂的熬炼必须严格控制,通过控制黏度范围来保证涂料中树脂的聚合度符合产品的要求。同时,在施工中也要经常测定其黏度,以使涂料适合使用的要求。液体流动时所表现出的粘滞性,是流体各部分质点间在流动时所产生内摩擦力的结果。

所谓黏度是液体分子间相互作用而产生阻碍其相互运动能力的度量,即液体流动的阻力,或称摩擦力。

黏度的表示方法:

(1) 绝对黏度

通常以每单位面积所受的力——剪切应力计算,图 2-1 表示了液体在圆管中运动的情况,如某层液体质点的流速为 v,在极小垂直距离 dx 处的相邻层液体质点的流速 $v+dv$,根据牛顿黏性定律,剪切应力可由下式来决定:

$$\tau = \eta \frac{dv}{dx}$$

式中:τ——二液层间的摩擦力,其方向与流动方向相反;

η——黏度或黏度系数,表示单位速度梯度下,作用在单位面积的流质层上的切应力,又称内摩擦力系数;

$\dfrac{dv}{dx}$——与两层液体质点的流动方向垂直的速度梯度,或称剪切速率。

从上式可知黏度是剪切应力与剪切速率之比:

$$\eta = \frac{\tau}{dv/dx} = \frac{\tau}{r}$$

黏度的 CGS 单位叫泊(克/厘米·秒),符号为 P(或 dynSec/cm^2),厘泊(1/

100 泊)的符号为 cP。

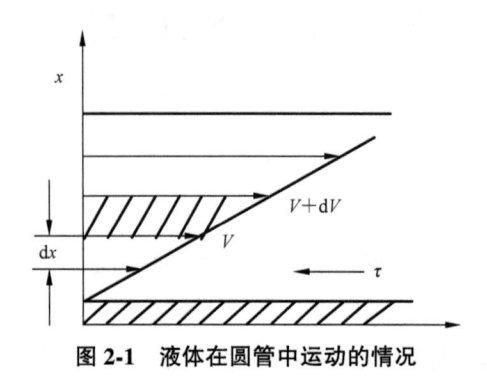

图 2-1 液体在圆管中运动的情况

(2) 运动黏度(属于绝对黏度)

运动黏度是指液体的绝对黏度与液体密度之比,即

$$运动黏度=绝对黏度/液体密度(g/cm^3)$$

运动黏度的 CGS 单位为泊(cm^2/s),厘池(1/100 池)(cSt)。

(3) 相对黏度

相对黏度也称比黏度,即液体的绝对黏度与同条件下标准液体的绝对黏度之比(标准液体指的是水或其他较纯溶剂)。

(4) 条件黏度

条件黏度是指在一定温度下,一定体积的液体从规定的直径的孔所流出的时间,以秒来表示。

本试验中使用 QND-4 型黏度计,测定的黏度为条件黏度。

二、仪器设备

QND-4 型黏度计(如图 2-2 所示)。

三、实验内容

1. 清洁黏度杯:将黏度杯内部用纱布或脱脂棉蘸溶剂擦干净,在空气中晾干或用冷风吹干,对光观察,确保黏度杯漏嘴应清洁。

2. 试样准备:使样品温度保持在 25±1 ℃内,用试棒将样品搅拌均匀,并静止两分钟以上,试样不得有气泡产生。

图 2-2 黏度计

3. 将擦拭干净并装配好的黏度杯放在支架上,调整支架水平螺钉,使黏度杯处于水平位置。

4. 在黏度计漏嘴下放一烧杯。用手指堵住流出孔后,将样品倒满黏度杯,用试棒将多余的样品刮至黏度杯边缘的凹槽中,然后移动手指,同时开动秒表。当样品流中断并呈现第一滴时,停止秒表。此时秒表所指示的时间即为该样品的全部流出时间。

5. 同一样品实验三次,求其算术平均值。

6. 黏度计用完后要擦拭干净放置原处。

四、涂-1、涂-4 黏度计的校正

1. 一般测得的黏度值 t_1 需要乘以修正系数 K,方可得该黏度计测得的条件黏度 t。如下式所示:

$$t = K \cdot t_1$$

K 值的求得有两种方法:

(1) 标准黏度计法:首先配制 5 种以上不同黏度的航空润滑油和航空润滑油与变压器油的混合油,在 25±0.2 ℃时分别测其在标准黏度计及被校正黏度计中流出的时间,求出两黏度计一系列的时间比值 K_1、K_2、K_3,其算术平均值为修正系数 K。

(2) 运动黏度法:当缺少标准黏度计时,t 值按下列公式计算:

涂-1 黏度计：$t=0.53\eta+1.0$

涂-4 黏度计：$t=0.223\eta+6.0$

η 为在 25±0.1 ℃下按 GB 265—75《运动黏度测定法》测定的航空润滑油和航空润滑油与变压器油的混合油的运动黏度（厘池）。由此求得的一系列 t 被校正黏度计测得的一系列 t_1 之比的算术平均值即为 K 值。如修正系数在 0.95~1.05 范围外，应更换黏度计。另外，黏度计应定期校正。

2. 涂-4 型黏度计的校正：用蒸馏水在 25±1 ℃条件下，按此方法涂-4 型黏度计的测定值为 11.5±0.5 s。如不在此范围内，则应更换黏度计。

注意：① 校正黏度计时用 20 号航空润滑油（GB 440-77H-20）和 10 号变压器油（SY 1351—76）；

② 如测黏度小于 23 s 的涂料产品，可按如下公式换算：

$$t=0.154\eta+11$$

Ⅱ 涂料的比重测定

一、概述

比重系指涂料产品单位容积的重量，一般采用金属制的比重杯来测定色漆的比重，通过比重的测定可以较快地核对连续几批产品混合后的均匀程度，可以知道产品装桶时单位体积的重量，可以计算单位面积上色漆的耗用量等。

比重是物体在 20 ℃时的重量与 4 ℃时同体积水的重量之比，以 d_4^{20} 符号表示。

二、仪器设备

QBB 型涂料比重杯、精密天平（精度 0.1%）、水银温度计 0~50 ℃（精度 1 ℃）。

三、测定方法

1. 在实验前，应将比重杯内部、外部、均衡锤清洁干净，净干燥后的比重杯放在天平一端的托盘上，另一端放上均衡锤，此时天平应平衡。

2. 将比重杯上盖拿下，装入待测试样至接近杯口处（注意应不起泡沫）加盖,待试样的多余部分由盖中心的小孔溢出时,用清洁抹布擦净。

3. 把装入试样的比重杯轻轻地放在天平一端的托盘上,另一端盘上放上均衡锤,此时天平平衡破坏,然后在均衡锤一端的托盘上施加微量砝码,使之平衡,读其施加砝码数值并记录下来,同时读出温度计上的温度数值。

4. 比重按下式计算(本仪器所用的修正公式):

$$d_4^{20} = 0.027x + 0.01(t-20)$$

式中：x——添加砝码数；

t——测定温度(℃)。

5. 用此比重杯,取样三次,求其算数平均值。

Ⅲ 涂料细度的测定

一、概述

涂料的细度是表示涂料中所含颜料在漆中分散的程度。细度小的涂料能使涂层平整均匀,使其外观好,装饰性强；细度大的涂料影响涂层的外观和光亮,还影响其耐久性。涂料细度控制范围见表2-1。

表2-1 涂料细度控制范围

涂料品种	细度/μm	涂料品种	细度/μm
装饰性面漆	15~20	一般底漆及防护漆	50
半光面漆	25~35		
平光面漆	30~40	环氧煤沥青漆	≤80

室外使用的涂料经常受到气候、温度、湿度的影响和侵蚀,涂层最粗糙的部分也最易先受到破坏。此外潮气、霉菌、盐雾也能从粗糙部分侵蚀过去,从而使整个涂层逐渐老化和破坏。

为此,对装饰性要求较高的设备,如电冰箱、缝纫机等,对细度要求特别严格；而室外大面积涂装的桥梁、起重机、农业机械等,则要求以防护为主,对防锈底漆的细度可以适当地放宽。

二、实验仪器设备及用品

刮板细度计(见图2-3)、玻璃棒、玻璃板、丙酮棉、镊子、镜头纸、待测定的涂料、稀释剂、马口铁板。

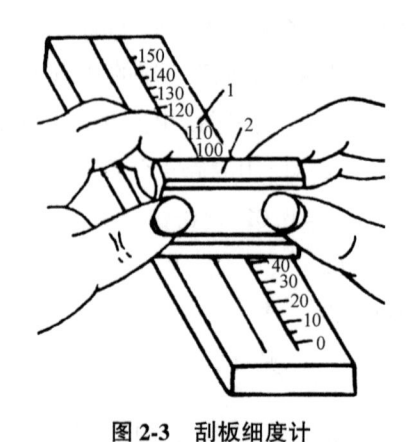

图 2-3 刮板细度计
1—磨光平面;2—刮刀

三、实验步骤

1. 仪器使用前用丙酮棉仔细洗净擦干,再用镜头纸轻擦待用。

2. 用玻璃棒搅均待测的涂料,然后蘸起涂料使其自由滴落,数涂料滴下的滴数,以 7 滴为合适的黏度值(如果不足 7 滴可以加少量稀释剂调整),然后在刮板细度计的沟槽最深部分滴入几滴涂料,以能充满沟槽且略有多余为宜。

3. 双手持刮刀(见图 2-3)。拇指、食指及中指将刮刀横置刮板上端,使刮刀边棱垂直接触刮板表面,在 2~3 s 内使刮刀以均匀速度刮过整个表面到沟槽深度为零的一端,施加足够的压力于刮刀上,以使沟槽被涂料添满,并将过剩涂料刮出。

4. 在 5 s 内,从侧面观察,使视线与沟槽的长边成直角,且与刮板表面成 20~30°角。对光观察沟槽中颗粒均匀显露处,在沟槽横向 3 mm 宽的条带内包含有 5~10 个颗粒位置,确定此条带上限的位置,读数精度分别为:

对于 0~100 μm、0~150 μm 的刮板细度计为 5 μm;

对于 0~50 μm 的刮板细度计为 2 μm。

图 2-4 为(a)0~150 μm,(b)0~100 μm,(c)0~50 μm 刮板细度计测定涂料细度的示意图。

四、实验结果

1. 读出刮板细度计上涂料的细度。如有个别颗粒显露于其他分度线时,则读数与相应分度线范围内,不得超过5个颗粒。
2. 做3次平行实验,试样结果取2次相近读数的算术平均值。
3. 每次读数后立即擦净刮板和刮刀。

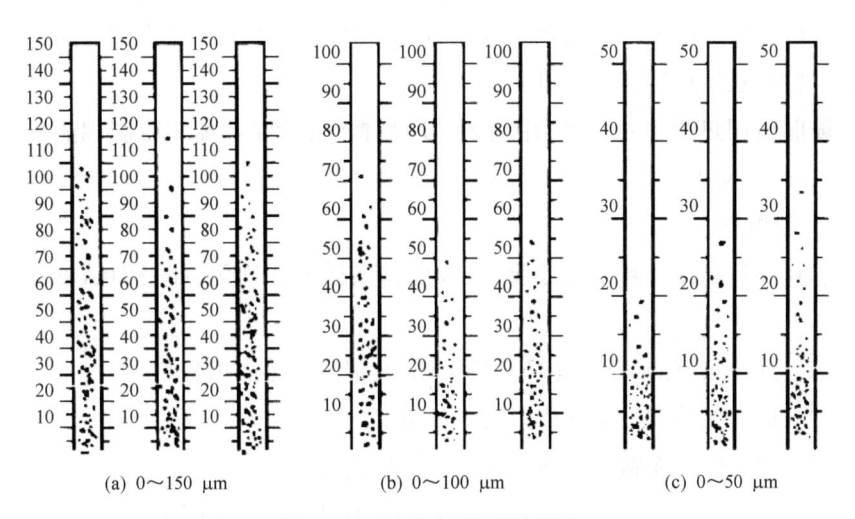

(a) 0~150 μm   (b) 0~100 μm   (c) 0~50 μm

图 2-4　涂料细度的测定结果

Ⅳ　涂膜的制备

一、概述

涂膜的制备是进行各种涂膜检验的首要步骤,要正确地评定涂膜的性能(物理、机械、电气、耐化学、耐腐蚀等)。必须制备均匀的一定厚度的漆膜试板。由于涂料品种及实验的表面类型繁多,并没有统一的制备漆膜的方法,常用的有刷涂、喷涂、浸涂等,其实质都是为了将油漆均匀涂布于各种材料表面上,制成漆膜以供检验涂膜的性能。

本实验采用 GB 1727—79 标准制备漆膜,它适用于测定漆膜一般性能的样板制备。

二、材料和仪器

马口铁板、玻璃板、QTG 型涂膜涂布器。

三、制备方法

1. 底板表面处理

马口铁板或钢板均先用 200 号水砂纸沿纵向往复打磨除锈,再用溶剂(二甲苯)洗净,然后擦净,晾干使用。

玻璃板用热肥皂水洗涤,用清水冲净后擦干,涂漆前需用脱脂棉蘸溶剂擦净,然后晾干使用。

2. 制板方法

QTG 型涂膜涂布器制备漆膜:涂漆前将试样搅拌均匀,如表面结皮应仔细揭去。

(1) 选择相应的涂布器(环氧选第四刀,清漆选第二刀)。

(2) 把事先处理好的试片固定在台架上。

(3) 把实验用涂料适量地倾倒在试样片上方。

(4) 将选择好的涂膜涂布器匀速地自左向右移动,黏度不同速度不同,制膜厚度也不同。

(5) 多余的涂料用刮刀刮入托盘内。

(6) 将涂布器浸泡在适当溶液中,用软刷将涂料刷掉,擦干后放回原处。

(7) 制备成的漆膜在进行性能检验之前干燥 48 h 以上。

注意:底板表面处理和制板过程中,不允许手指直接接触样板表面。

涂刷法制备漆膜:将涂料搅匀并稀释至适当黏度或产品标准规定的黏度,用漆刷沾涂料在底板上快速均匀地沿纵横方向刷涂,形成一层均匀的漆膜,不允许空白或溢流。涂刷好的样板平放于恒温怕湿处干燥(温度 25±1 ℃,相对湿度 65±5%)。自干漆干燥 48 h,挥发性漆干燥 24 h。

四、实验报告

按教师的要求写出实验二的实验报告。

实验三 涂膜性能测定

Ⅰ 漆膜硬度的测定

一、概述

硬度是表示漆膜机械硬度的重要性能之一,从其物理意义是可理解为漆膜表面对作用其上的另一个硬度较大的物体所表现的阻力。这个阻力可以通过一定重量的负荷,作用在比较小的接触面积上,测定漆膜抵抗变形的能力而表现出来。目前漆膜硬度的测试有四种方法:摆杆硬度测定法、克利曼硬度测定法、铅笔硬度测定法斯华物硬座测定法。本实验采用摆杆硬度测定法,其优点是灵敏度比较高,对漆膜是非破坏性的。

二、实验仪器及材料

秒表、玻璃板、QBY 型摆杆硬度计(见图 3-1)。

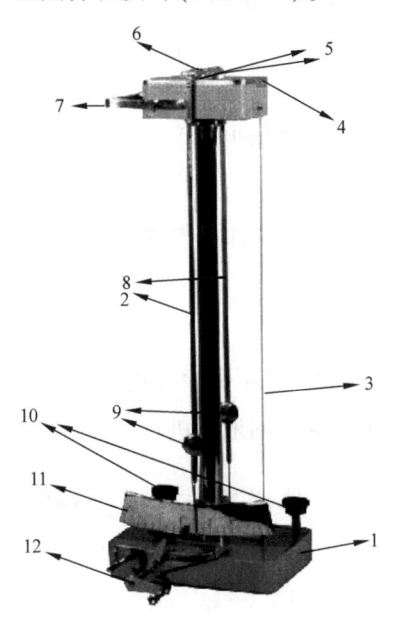

图 3-1 QBY 型摆杆硬度计

1—底座;2—支杆;3—铅锤;4—平台;5—钢球;6—连接片;
7—框;8—摆杆;9—重锤;10—螺钉;11—刻度尺;12—制动杆

三、摆杆硬度计校正

摆杆硬度计每次使用前应校正,测定其玻璃值,即测定其在未涂漆的玻璃上,摆杆从5°摆动衰减到20°的时间。仪器的玻璃值应为440±6 s,如玻璃值不在此规定的范围内,应调节重锤的位置,使其符合规定,该时间为t_1。

四、实验操作步骤

1. 实验前测定玻璃值的玻璃板要仔细用乙醚或汽油擦干净。制备好漆膜的玻璃板要保持清洁。

2. 将制好的漆膜放置于仪器的工作台4上,把摆杆的支点钢球5放置在漆膜表面上,并使摆杆尖端接近刻度尺11的零点,然后移动框7,使摆板正指在0点。将紧贴于样板上的摆杆8,引至5.5°处,使用制动杆12小心地推起(防止钢球移动)。推动制动杆12的摇柄,放开摆杆8,摆杆8自由摆动。当最大振幅摆到5°时,开始秒表计时,并在最大振幅到2°时,停止秒表计时,记录时间t。(见图3-1)

3. 按下列公式计算出漆膜硬度x:

$$x = \frac{t}{t_1}$$

式中:t——在漆膜上摆杆的摆动时间(s);

t_1——440 s。

4. 硬度测定取两次测定的平均值,两次结果之差不大于平均值的5%。若不满足则更换实验点,重新测量。

注意事项:

(1) 测定时,摆杆支点的位置距离涂膜边缘应不少于2 cm。

(2) 每次测定要在漆膜的不同地方进行。

Ⅱ 漆膜冲击强度的测定

一、概述

冲击强度是测试漆膜在高速度的负荷作用下的变形程度,表现了被试验漆膜的弹性和对底板的附着力。使用的仪器是冲击实验器(见图3-2),以1 kg的重锤落在漆膜上,而不引起漆膜破坏的最大高度来表示。单位为 kg·cm。此方法已列入国标(GB 1732—79)。

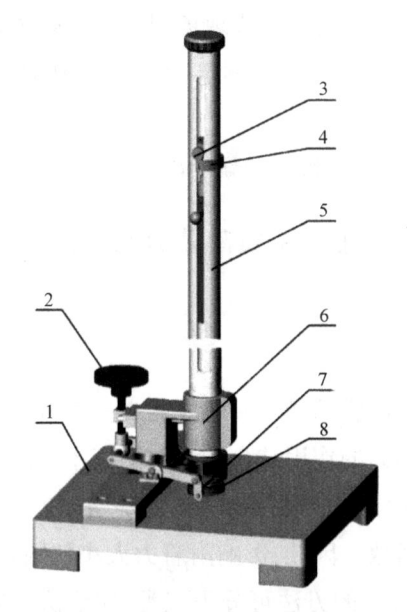

图 3-2 漆膜冲击器简单原理示意图
1—底座;2—手轮;3—控制器组件;4—定位标;5—滑筒;6—支臂;7—冲杆;8—压环

二、实验仪器和材料

马口铁板、4 倍放大镜、冲击实验器。

三、实验步骤

1. 仪器检查调整

(1) 检查冲杆中心是否与枕垫块凹孔中心一致,若有偏差时,可调整冲击块螺母上的内六角螺钉。

(2) 定位标是否对 0 线,将重锤放下,观察定位标上刻线是否和 0 线重合,如有偏差可调节定位标两侧螺钉。

2. 将已备好的样板放置在枕垫块上,紧贴于枕垫块凹孔上,漆膜朝上,且冲击点距样板边缘不少于 15 mm,或在样板中间地方。

3. 借用控制器螺钉固定好高度(按照产品规定),按压控制螺钉,重锤即自由地落在冲杆上,冲杆将冲力传给枕垫块上的样块。

4. 将重锤提升起,重锤上的挂钩自动被控制器挂住,取出样板,用4倍放大镜观察,当漆膜没有裂纹、皱皮、剥落现象时,可增大重锤落下高度,每次增加 5~10 cm,继续进行漆膜冲击强度的测定,直至漆膜破坏或漆膜能经受起 50 cm 高度之重锤冲击为止。

注意:每次实验都应在样板上的新的部位进行。

Ⅲ 漆膜附着力测定法

一、概述

漆膜附着力是油漆涂膜的最主要的性能之一。所谓附着力,是指漆膜与被涂漆物表面物理和化学力的作用结合在一起的坚牢程度。根据吸着学说,这种附着强度的产生是由于涂膜中聚合物的极性基团(如羟基或羧基)与被涂物表面极性基团相互结合所致。因此,影响附着力大小的因素很多,比如,表面污染有水分等。目前测附着力的方法可分为三类,切痕法、剥离法、画圈法,本实验中采用较为普遍使用的画圈法进行测定,此方法已列入漆膜检验标准(GB 1720—2020)。按螺纹线划痕范围内的漆膜完整程度评定,以级表示。

二、实验仪器及材料

马口铁板、4倍放大镜、漆膜附着力测定仪(见图3-3)。

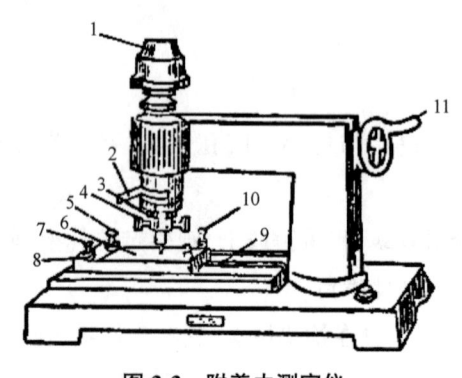

图 3-3 附着力测定仪

1—荷变盘;2—升降棒;3—卡针盘;4—回转半径调整螺栓;5—固定样板调整螺栓;6—试验台;
7—半截螺帽;8—固定样板调整螺栓;9—试验台丝杠;10—调整螺栓;11—摇柄

三、测定方法

1. 检查钢针是否锐利,针尖距工作台面约 3 mm。
2. 将针尖的偏心位置即回转半径调至标准回转半径。方法:松开卡针盘 3 后面的螺栓和回转半径调整螺栓 4,适当移动卡针盘后,依次紧固上述螺栓,划痕与标准圆滚线图比较,直至与标准回转半径 5.25 mm 的圆滚线相同,则调整完毕。
3. 将样板正放在试验台上(漆膜朝上),用压板压紧。
4. 酌加砝码,使针尖接触到漆膜,按顺时针方向均匀摇动手轮,转速以 80~100 r/min 为宜,标准圆滚线图长为 7.5±0.5 cm。
5. 向前移动升降棒 2,使卡针盘提起,松开固定样板的有关螺栓,取出样板,用漆刷除去划痕上的漆屑,以 4 倍放大镜检查划痕并评级。

注意:① 一根钢针一般只使用 5 次;
② 实验时,针必须刺到涂料膜底,以所画的图形露出板面为准。

四、评级方法

附着力分为 7 个等级,如图 3-4 所示。以样板上划痕的上侧为检查的用标,依次标出 1、2、3、4、5、6、7,按顺序检查各部位漆膜完整程度,如某一部位有 70% 以上的完好,则定为该部位是完好的,否则应认为坏损。例如,凡第一部位内漆膜完好者,则此漆膜附着力最好,为一级;第二部位完好者,则为二级;余者类推,七级的附着力最差,漆膜几乎全部脱落。

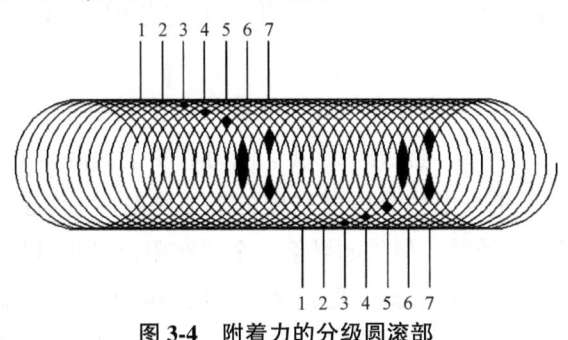

图 3-4 附着力的分级圆滚部

五、实验报告

按老师要求写出实验报告,并将实验二和实验三的检测内容画一张涂料性能检测报告表。

实验四　恒电位法测定阳极极化曲线

一、实验目的

1. 掌握金属钝化理论，了解金属活化、钝化转变过程以及金属钝化在研究腐蚀及防护中的作用。
2. 熟悉恒电位测定极化曲线的方法。
3. 通过阳极极化曲线的测定，判定实施阳极保护的可能性，初步选取阳极保护的技术参数。

二、基本原理

极化曲线测量是金属电化学腐蚀和保护中一种重要的研究手段，它在研究腐蚀机理、测定金属腐蚀速度、判断添加剂的作用机理、评选缓蚀剂、研究金属的钝态和钝态破坏，以及电化学保护等方面都有着广泛的应用。

测量腐蚀体系的极化曲线，实际就是测量在外加电流作用下，金属在腐蚀介质中的电极电位与外加电流密度之间的关系。

阳极电位和电流的关系曲线称作阳极极化曲线。为了判定金属在电解质溶液中采用阳极保护的可能性，选择阳极保护的三个主要技术参数——致钝电流密度、维钝电流密度及钝化电位（钝化区电流范围）。必须测定阳极极化曲线。

测量极化曲线可以采用恒电位和恒电流两种不同的方法，以电流密度为自变量测量曲线的方法叫恒电流法，而以电位为自变量的测量方法叫恒电位法。在一般情况下，如果电极电位是电流密度的单值函数时，恒电流法和恒电位法测量得出的结果是一致的。但是如果某种金属在阳极极化过程中，电极表面状态发生变化，具有活化/钝化转变，那么这种金属的阳极过程只能用恒电位法才能将其历程全部揭示出来，这时若采用恒电流法，则阳极过程某些部分将被掩盖起来，从而得不到完整的极化曲线。

在许多情况下，一条完整的极化曲线中，与一个电流密度相对应可以有几个极化电位。例如，在具有活化/钝化转变的腐蚀体系中，极化曲线如图 4-1 所示。图 4-1 是一条较典型的阳极极化曲线，从 a 到 b 点的电位范围称为活化区，

b 到 c 点的电位称为钝化过渡区,从 c 到 d 点的电位范围叫钝化区,过 d 点以后为过钝化区。a 点的电位就是金属的稳定电位(即自然腐蚀电位),对应于 b 点的电流密度叫致钝电流密度,对应于 cd 段的电流密度叫维钝电流密度。

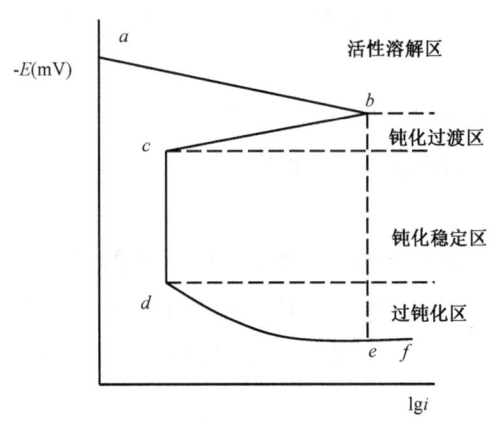

图 4-1 阳极极化曲线

abcdef—恒电位法测定;*abef*—恒电流法测定

曲线 *abef* 是用恒电流测得的阳极极化曲线。用恒电流法测量时,由 a 点开始逐渐增加电流密度,当达到 b 点时金属开始钝化,由于人为控制电流密度恒定,因此电极电位必然突跃增加到很正的数值(到达 e 点),跳过钝化区,当再增加电流密度时,所测得的曲线在过钝化区内(*ef*)。因此,用恒电流法测不出金属进入钝化区的真实情况,而是从活化区跃入过钝化区。

碳钢在 NH_4HCO_3-$NH_3 \cdot H_2O$ 溶液中的阳极极化过程,就是由活化状态转入钝态的。用恒电位法测定其阳极极化曲线,正是基于碳钢在 NH_4HCO_3-$NH_3 \cdot H_2O$ 体系中可以有活化、钝化转变这一事实,人们成功地对化肥生产中的碳化塔实行阳极保护。

三、实验仪器及用品

CHI660A 型电化学工作站、恒电位仪、极化池、甘汞电极(饱和)、铂金电极、A3 钢电极、粗天平、量筒(1 000 mL)、量筒(100 mL)、烧杯(1 000 mL)、温度计(100 ℃)、电炉、碳酸氢铵及氨水、无水乙醇棉、水砂纸。

四、实验步骤

1. 实验溶液的配制

(1) 烧杯内放入 700 mL 去离子水,在电炉上加热到 40 ℃ 左右停止加热,放入 160 g 碳酸氢铵并用玻璃棒不断搅拌。

(2) 在上述溶液中加入 65 mL 浓氨水。

(3) 将配制好的溶液注入极化池中。

2. 操作步骤

(1) 用水砂纸打磨工作电极表面,并用无水乙醇棉擦拭干净待用。

(2) 按图 4-2 将研究电极、辅助电极和参比电极、盐桥放置在指定位置。甘汞电极浸入饱和 KCl 溶液之中,盐桥鲁金毛细管尖端距离研究电极表面为 1~2 mm 即可。

(3) 如图 4-2 所示,接好线路,经指导教师检查无误方可进行实验。

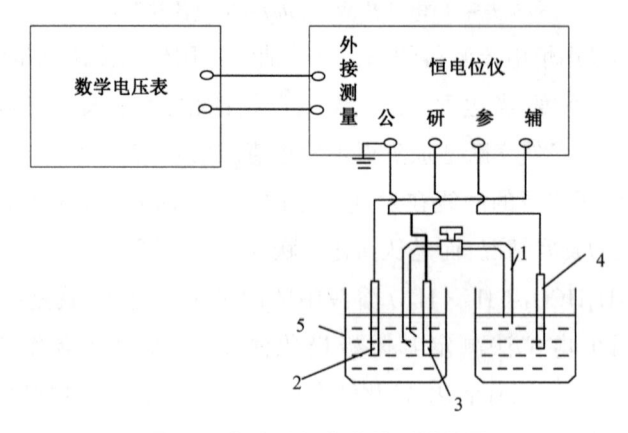

图 4-2 恒电位极化曲线测量装置

1—盐桥;2—辅助电极;3—研究电极;4—参比电极;5—极化池

(4) 测碳钢在 NH_4HCO_3-$NH_3 \cdot H_2O$ 体系中的自然腐蚀电位约为 −0.85 V,稳定 15 min,若电位偏正,可先用很小的阴极电流(50 μA/cm² 左右)活化 1~2 min 分别再测定之。

(5) 调节恒电位(从自然腐蚀电位开始)进行阳极极化,每隔两分钟增加 50 mV,并分别读取不同电位下相应的电流值,当电极电位达到 +1.2 V 左右时即可停止实验。

五、实验结果及数据处理

1. 数据记录

试样材料_____,尺寸_____。

介质成分_____,介质温度_____。

参比电极_____,辅助电极_____。

自然腐蚀电位_____。

2. 结果及数据处理

(1) 求出各点的电流密度,填入表中(表自己设计)。

(2) 在半对数坐标纸上将所得数据作成 E-$\lg i$ 关系曲线。

(3) 指出碳钢在 NH_4HCO_3-$NH_3 \cdot H_2O$ 中进行阳极保护的三个基本参数。

六、思考题

1. 试分析阳极极化曲线上各段及特征点的意义?以上各体系可否实行阳极保护?

2. 阳极极化曲线对实施阳极保护有何指导意义?

3. 若采用恒电流法测定该体系的极化曲线,会得到什么样的结果?

4. 自然腐蚀电位、析氢电位和吸氧电位各有何意义?

5. 极化曲线测量对工作电极、辅助电极、参比电极和盐桥的要求是什么?它们在测量中的作用是什么?

6. 使用 CHI660A 型电化学工作站应注意什么?

实验五　塔菲尔直线外推法测定金属的腐蚀速度(恒电流法)

一、实验目的

1. 掌握塔菲尔直线外推法测定金属腐蚀速度的原理和方法。
2. 测定低碳钢在 0.5 mol/L HAc+0.5 mol/L NaCl 混合溶液中腐蚀电流密度 i_c,阳极塔菲尔斜率 b_a 和阴极塔菲尔斜率 b_c。
3. 对活化控制的电化学腐蚀体系在强极化区的塔菲尔关系加深理解。
4. 学习用恒电流法绘制极化曲线。

二、实验原理

塔菲尔直线外推法是快速测定金属腐蚀速度的一种电化学测量方法。

在无外加电流通过电极时,金属电极在溶液中的腐蚀是一个耦合反应。其氧化反应速度 i_a 与还原反应速度 i_c 存在如下关系:

$$i_a = |i_c| = i_k$$

i_k 为自然腐蚀电流,这时电极电位为自然腐蚀电位 E_k。

当电极处于极化状态时,从电化学反应速度理论可知,当局部阴、阳极反应均受活化控制时,极化电位 ΔE 与电流密度之间服从指数关系,即

$$I_a = i_a + i_c = i_k[\exp(2.3\Delta E/\beta_a) - \exp(-2.3\Delta E/\beta_c)]$$

$$I_c = i_c + i_a = -i_k[\exp(-2.3\Delta E/\beta_c) - \exp(2.3\Delta E/\beta_a)]$$

当金属的极化处于强极化区时,阳极性电流中的 i_c 和阴极性电流中的 i_a 都可忽略。于是有:

$$I_a = i_k[\exp(2.3\Delta E/\beta_a)]$$

$$I_c = -i_k[\exp(-2.3\Delta E/\beta_c)]$$

亦即

$$\Delta E = -\beta_a \lg i_k + \beta_a \lg i_a$$

$$\Delta E = -\beta_c \lg i_k + \beta_c \lg i_c$$

在强极化区内将 ΔE 对 $\lg i$ 作图,则可以得到直线关系(见图 5-1)。该直线称作塔菲尔直线。

实验时,对腐蚀体系进行强极化(极化电位一般在 100~250 mV 之间),则可

得到 E-$\lg i$ 的关系曲线。把塔菲尔直线外推延伸至腐蚀电位。$\lg i$ 坐标上与交点对应的值为 $\lg i_k$，由此可以算出腐蚀电流 i_k。由塔菲尔直线分别求出 β_a 和 β_c。

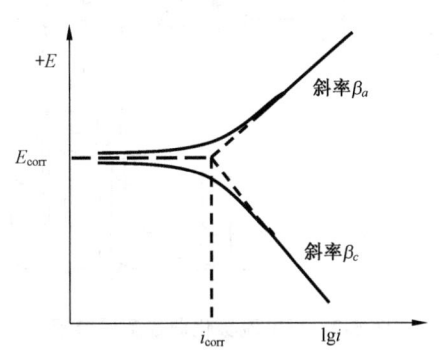

图 5-1 塔菲尔直线外推法求 i_{corr}

影响测量结果的因素有以下两种情况：

1. 体系中由于浓差极化的干扰或其他外来干扰；
2. 体系中存在一个以上的氧化还原过程(塔菲尔直线通常会变形)。因此在测量中,为了能获得较为准确的结果,塔菲尔直线段必须延伸至少一个数量级以上的电流范围。

三、实验仪器和用品

CHI660A 型电化学工作站、恒电位仪(或直流稳压源)、数字电压表、磁力搅拌器、极化池、铂金电极(辅助电极)、饱和甘汞电极(参比电极)、碳钢电极(研究电极,工作面积 1 cm^2)、Zn 电极(研究电极,工作面积 1 cm^2)、粗天平、秒表、量筒(1 000 mL)、量筒(50 mL)、烧杯(1 000 mL)、烧杯(2 000 mL)、乙酸、氯化钠、无水乙醇棉、水砂纸。

介质为 0.5 mol/L HAc+0.5 mol/L NaCl 混合溶液。

四、实验步骤

1. 配制 0.5 mol/L HAc+0.5 mol/L NaCl 溶液。
2. 将工作电极用水砂纸打磨,用无水乙醇棉擦洗表面去油待用。
3. 将研究电极、参比电极和辅助电极、盐桥装入盛有电解液的极化池中,盐桥尖端距工作电极表面距离可控制为毛细管尖端直径的两倍。
4. 按图 5-2 接好测量线路,将仪器开关置于所需的位置。

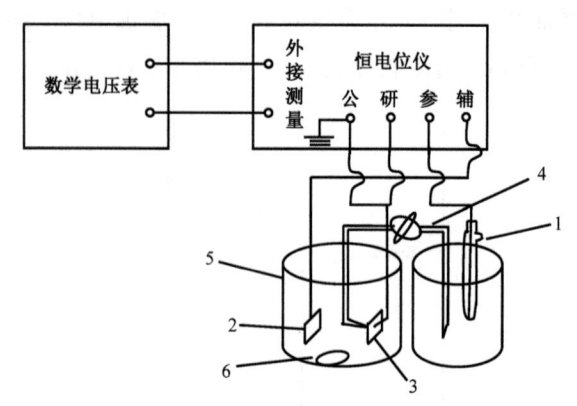

图 5-2　恒电流极化曲线测量装置

1—饱和甘汞电极；2—辅助电极(Pt)；3—研究电极；4—盐桥；5—电解池；6—电磁搅拌器

5. 测量时,先测量阴极极化曲线,然后测量阳极极化曲线。

6. 开动磁力搅拌器,使其以中速旋转,进行极化测量。

7. 先记下 $i=0$ 时的电极电位值,这是曲线上的第一个点,先进行阴极极化。分别以相隔 10 s 的间隔调节极化电流为 -0.5 mA、-1 mA、-2 mA、-3 mA、-4 mA、-5 mA、-10 mA、-20 mA、-30 mA、-40 mA、-50 mA、-60 mA,并记录对应的电极电位值,迅速将极化电流调为 0,待电位稳定后进行阳极极化。此时应分别调节极化电流为 0.5 mA、1 mA、2 mA、3 mA、4 mA、5 mA、10 mA、20 mA、30 mA、40 mA,并记录对应电极电位。这里应该注意,极化电流改变时,调节时间应快,一般在 5 s 之内完成,实验结束后将仪器复原。

五、实验结果处理

1. 将实验数据绘在半对数坐标纸上。

2. 根据阴阳极极化曲线的塔菲尔线性段外延求出锌和碳钢的腐蚀电流,并比较它们的腐蚀速度。

3. 分别求出腐蚀电流 i_c、阴极塔菲尔斜率 β_c 和阳极塔菲尔斜率 β_a,及传递系数。

六、思考题

1. 用极化曲线外延法求金属的腐蚀速度及其理论根据是什么?有什么局限性?

2. 对于活化极化控制的电化学腐蚀体系,它们在微极化区、弱极化区和强极化区各遵循什么规律?

3. 如果体系中存在两个还原过程,测量的曲线可能会发生什么变化?

4. 从理论上讲,阴极和阳极的塔菲尔线延伸至腐蚀电位应交于一点,实际测量结果如何?为什么?

5. 如果两条曲线的延伸线不交于一点,应如何确定腐蚀电流?

6. 如果在接通电路开始测量以前,测量回路中或仪器中存在微弱的杂散电流(如 2 μA),是否对测量产生影响?

实验六　电偶腐蚀速度的测定

一、实验目的

1. 掌握电偶腐蚀测试原理,了解不同金属或合金相互接触时组成的电偶对在介质中的电位序。

2. 了解在电偶腐蚀中阴、阳极面积比,溶液状态,溶液 pH 对腐蚀电流的影响。

3. 掌握使用零阻电流表测定电偶电流的方法。

二、基本原理

电偶腐蚀的测试方法是根据电化学原理进行金属腐蚀快速测试的一种方法。在腐蚀介质中,当两种不同电位的金属相互接触时,电位较负的金属(电偶对的阳极)腐蚀加速,而电位较正的金属(电偶对的阴极)腐蚀速度降低,这种现象称作电偶腐蚀或接触腐蚀。此时,测定短路下耦合电极间的电流就是腐蚀电流,并可根据其大小判断金属的耐电偶腐蚀性能。

利用零电阻电流表,可测量浸入电解质中异种金属电极之间流过的电流,此即该电偶对的电偶电流。根据电偶电流数值,可判断金属耐接触腐蚀性能。电偶电流与耦合电极阳极金属的真实溶解速度之间的定量关系较复杂(它与金属间的电位差、未耦合时的腐蚀速度、塔菲尔常数和阴阳极面积比等因素有关),现就活化极化控制和扩散控制下的情况加以讨论。简介电偶电流与电偶对中阳极金属溶解电流及与阴/阳极面积比之间的关系。

1. 活化极化控制的情况

此时金属腐蚀速度的一般方程式为

$$I = I_K \left(\exp \frac{E - E_K}{0.434\beta_a} - \exp \frac{E_k - E}{0.434\beta_c} \right) \tag{6-1}$$

式中:E_K、I_K——阳极金属未形成电偶对时的自腐蚀电位和自腐蚀电流;

　　　E——极化电位;

　　　β_a、β_c——塔菲尔常数。

如果该金属与电位较正的另一金属形成电偶对,则它将被阳极极化,式

(6-1)中的极化电位 E 将正移到电偶电位 E_g,其溶解电流将自 I_K 增加到 I_a^A:

$$I_a^A = I_K \exp \frac{E - E_K}{0.434\beta_a} \tag{6-2}$$

电偶电流 I_g 实际上是在 E_g 处阳极金属上局部阳极电流 I_a^A 与局部阴极电流 I_c^A 之差:

$$I_g = I_a^A - I_c^A = I_K\left(\exp \frac{E - E_K}{0.434\beta_a} - \exp \frac{E_k - E_g}{0.434\beta_c}\right) \tag{6-3}$$

显然,如果形成电偶对后阳极极化很大,即 $E_g \gg E_K$,则 $I_g = I_a^A$;如果形成电偶对后阳极极化很小,即 $E_g \approx E_K$,则 $I_g = I_a^A - I_K$。

电偶电流也与阴、阳极金属的面积有关。根据电极过程动力学理论可导出:

$$\frac{I_a^A}{I_g} = 1 + \frac{i_a^0 \cdot S_A}{i_c^0 \cdot S_C} \tag{6-4}$$

式中:i_a^0、i_c^0——阳极和阴极金属上氧化剂的交流电流密度;

S_A、S_C——阳极金属和阴极金属的面积。

2. 还原反应受扩散控制的情况

假定阳极金属的腐蚀速度受氧化剂(如氧)向金属表面的扩散速度所控制,并且阴极金属上仅有氧去极化作用。根据电极过程动力学的浓差极化理论,金属偶合电位 E_g 处,氧化电流等于还原电流:

$$I_a^A(E_g) = I_c^A(E_g) + I_c^C(E_g)$$

由此得到: $\qquad i_a^A \cdot S_A = i_c^A \cdot S_A + i_c^C \cdot S_C$

又因为扩散控制: $\qquad i_c^A = i_c^C = i_{02}^l$

所以 $\qquad i_a^A = i_{02}^l(1 + S_C/S_A) \tag{6-5}$

式中 i_{02}^l 是氧扩散极限电流密度。

因为 $\qquad I_g = I_a^A - I_c^A = I_c^C$

所以 $\qquad i_g^A \cdot S_A = i_a^A \cdot S_A - i_c^A \cdot S_A = i_c^C \cdot S_C$

$$i_g^A = i_{02}^l \cdot S_C/S_A \tag{6-6}$$

$$I_g = i_{02}^l \cdot S_C \tag{6-7}$$

式(6-7)说明在扩散控制下偶合电流只与阴极面积有关。

由式(6-6)得到 $\qquad i_g^A = i_g^A \cdot S_A/S_C$

将此结果代入式(6-5)得到 $i_a^A = i_g^{Al}(1 + S_A/S_C)$ (6-8)

式(6-8)说明阳极溶解电流密度 i_a^A 相对于电偶电流密度与电偶对阴阳面积之间的关系。

图 6-1 为电偶偶合的金属 A 和金属 B 的混合电位行为。

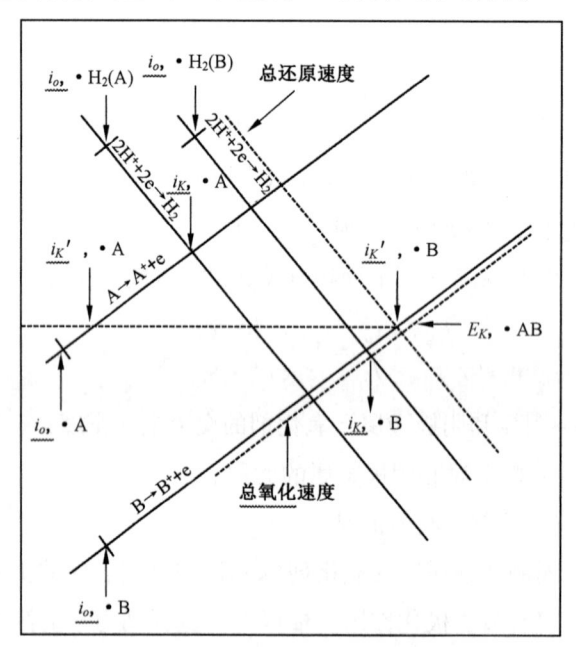

图 6-1 电位-电流密度图

测量电偶电流不能用普通的安培表,要采用零电阻安培表的测量技术,其原理如图 6-2 所示。

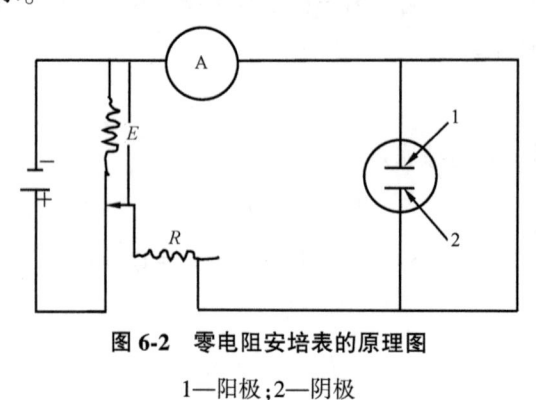

图 6-2 零电阻安培表的原理图

1—阳极;2—阴极

调节电压 E 或电阻 R,使电偶对的阴阳极之间的电位差为零。此时,电流表 A 中所通过的电流为电偶电流 I_g。但是,这种手调的方法是很难测定的,目前已有晶体管运算放大器制作零阻安培计,也可运用零阻安培计的结构原理,将恒电位仪改接成测量电偶电流的仪器。

三、仪器及用品

电偶腐蚀计、磁力搅拌器、铁(A3 钢)电极(3 个)、Cu 电极、Zn 电极、Al 电极、Pt 电极、烧杯(1 000 mL)、量筒(1 000 mL)、量筒(5 mL)、有机玻璃支架、NaCl、HCl、NaOH、pH 试纸、砂纸、无水乙醇棉、蜂蜡、毛笔等。

四、实验步骤

1. 将各电极用水砂纸打磨,无水乙醇去油,用封蜡涂封,留下所需面积放入干燥器中待用。
2. 配制 3.5% NaCl 溶液,连接仪器线路。
3. 测各电极在 3.5% NaCl 溶液中自腐蚀电位(相对 Pt 电极,各电极面积相等)。
4. 测定在 3.5% NaCl 溶液中下列电偶对的电位差及电偶电流:Fe-Cu,Fe-Zn,Fe-Al,Al-Cu,Al-Zn,Zn-Cu。
5. 待电极的自腐蚀电位趋于稳定后测定各电偶对的电偶电流 I_g 随时间的变化情况,直到电流比较稳定时为止(最初几分钟,I_g 随时间变化较快,每 0.5 min 或 1 min 记录一次 I_g 值,之后可以增大时间间隔)。记录偶合电极相对于 Pt 电极的电位。
6. 改变 Fe-Pt 电偶对的阴阳极面积比,测电偶电流:
(1) 阴阳极面积相等;
(2) 阴阳极面积比为 4∶1(减小阳极面积);
(3) 阴阳极面积比为 1∶4(减小阴极面积)。
7. 测 Fe-Pt 电偶对不同搅拌速度的电偶电流(静态、慢速、中速、快速)。
8. 不同 pH 时测电偶电流(Fe-Pt 电偶对):
(1) 加 HCl 使溶液 pH 降至 3;
(2) 加 NaOH 使 pH 升至 10。

五、数据处理

1. 将测量数据整理记录于表中。
2. 在同一张直角坐标纸上绘制出各组电偶电流 I_g 对时间的关系曲线。
3. 根据所测数据计算 Fe-Pt 电偶对中不同面积比、不同 pH、不同搅拌速度时 Fe 的腐蚀速度(阴极过程为扩散控制)。
4. 根据实验测得的自然腐蚀电位和电偶电位,按大小排列出电位序和电偶序。

六、思考题

1. 电偶电流为什么不能用普通安培表测量?
2. 在扩散控制情况下,阴阳极面积变化对电偶电流有何影响?
3. 在什么条件下电偶电流等于自腐蚀电流?
4. 电偶电流的数值受那些因素的影响?
5. 为防止、减轻电偶电流,应采取那些措施?
6. 如果要用电偶电流计算真实的溶解速度,应如何进行校正?

实验七　高温下金属氧化速度的测定

一、实验目的

了解金属高温氧化的基本概念,理解氧化膜的生长规律。掌握高温下金属氧化速率的测定方法,通过数据处理进一步加深对高温下金属氧化动力学规律的认识。

二、简要原理

金属的高温氧化反应是由一系列连续的阶段组成的,氧化反应的限制性环节通常是金属原子或氧化剂通过氧化膜的扩散。因而根据氧化膜的性质和致密情况,氧化速度有着不同的规律,见图7-1。

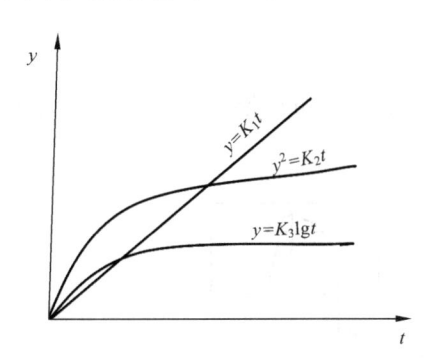

图 7-1　金属氧化动力学的主要类型

1. 直线型,即 $\qquad y = K_1 t$
2. 抛物线型,即 $\qquad y^2 = K_2 t$
3. 对数型,即 $\qquad y = K_3 \lg t$

式中:y——氧化膜的厚度(用以表示氧化速度);

$\qquad t$——氧化时间;

$\qquad K_1$、K_2、K_3——速度常数,取决于温度和氧化膜的性质。

若所生成的氧化膜是疏松多孔的(碱金属和碱土金属)或所生成的氧化膜易挥发(Mo,W),则氧化速度呈直线规律;若所生成的氧化膜是致密的,则符合抛物线规律,这是大多数用于工程技术中的金属所遵循的;但若致密的氧化膜出现裂纹时,则将出现对数型规律。

同一种金属的氧化速度常数是与温度有关的,其关系符合指数规律：

$$K = A\exp(-Q/RT)$$

式中：A——常数,取决于金属和氧化剂的性质；

Q——激活能,卡/克分子；

R——气体常数($R \approx 2$ 卡/度克分子)；

T——绝对温度,K。

三、实验设备和用品

电光分析天平(精度 0.000 1 g)、高热炉、数字电压表、吊有铂金丝的石英坩埚、热电偶(Ni、Cr-Ni、Si)、游标卡尺、铜试样、吹风机、调压器、无水乙醇棉、脱脂棉、水砂纸、不锈钢镊子等。

四、实验内容及步骤

实验装置如图 7-2 所示,它可以连续测量金属样品在空气中加热时氧化增重的变化。

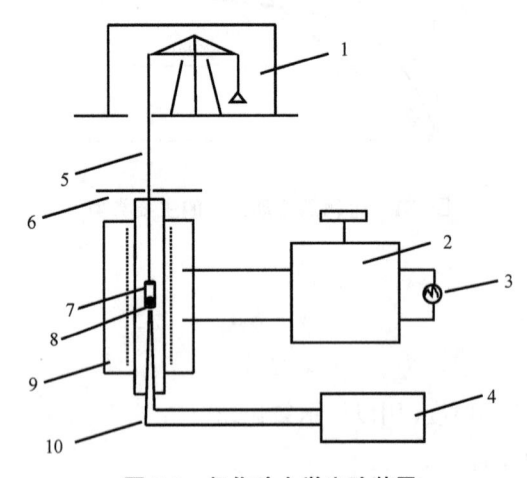

图 7-2 氧化动力学实验装置

1—天平；2—变压器；3—电源；4—数字电压表；5—铂金丝；
6—隔热板；7—石英坩埚；8—试样；9—高温炉；10—热电偶

首先将高温炉通电升温,直到指定的温度并保持恒温。在升温的同时,处理样品。方形金属样品(钢或铜)要用砂纸磨光,除去表面的氧化膜层,并用游标卡尺准确测定其表面积。用酒精棉将样品擦拭干净,吹干待用。

将处理好的样品放入石英坩埚(石英坩埚已事先在高温下灼烧至恒重)内,并与铂金丝一起称重。这个重量就是起始重量。

将炉温控制在指定温度时,将石英坩埚吊挂在天平上并放入高温炉恒温区内,5 min 后进行第一次称重,随后每隔 5 min 进行一次称重,一直进行到加热时间为 1 h 或 1.5 h。刚放进石英坩埚时,炉温受冷坩埚的影响而下降,此时应调解自耦变压器使炉温尽快恢复到指定温度并恒温(放入坩埚之前可适当加大一点电压,但当温度回升并接近指定温度时应恢复至原恒温时的电压,以免炉温过高)。

实验结束后将加热炉断电,等炉温稍降后取出坩埚和试样,并观察试样表面氧化情况和氧化膜特征。

五、实验结果处理

1. 按下表的形式纪录并计算实验数据:

称重次数	时间 t/min	重量 W/g	增重 ΔW/g	相对增重 P/(g/cm^2)
1	0	W_1	0	0
2	5	W_2	W_2-W_1	P_2
3	10	W_3	W_3-W_1	P_3
4	15	W_4	W_4-W_1	P_4

2. 将实验数据分别在 P-t,P^2-t 和 P-lg$t$ 三种坐标上做图。哪种坐标上的图形是直线,则氧化速度就符合该种规律。根据直线求出速度常数 K。如 P^2-t 坐标上的图形是直线,则为抛物线型规律。然后,根据直线求出速度常数(即求直线斜率)。

3. 根据不同温度下的速度常数计算激活能 Q 和常数 A 并写出速度常数的指数公式。可根据别组的数据,另找两个不同温度下的 K 值来计算速度常数指数公式中 Q 和 A,其方法是将指数式改写:

$$\ln K_1 = \ln A - Q/RT_1$$
$$\ln K_2 = \ln A - Q/RT_2$$
$$\ln K_3 = \ln A - Q/RT_3$$

三个方程式中,每两个方程相减可解出一个 Q 值,这样相互搭配可以求出三个值,然后取其平均值,即为所求的 Q 值。

将所求得的 Q 值分别代入上面三个方程中,可以得出三个 A 值,然后取其平均值。最后将 Q、A 代入指数公式中,即为反应速度常数的指数公式。

六、思考题

1. 你所测金属的氧化膜属于哪一种膜的成长规律?有什么特点?
2. 求出氧化速度常数的指数公式。

实验八 奥氏体不锈钢的晶间腐蚀

一、实验目的

1. 复习有关奥氏体不锈钢的晶间腐蚀理论,了解奥氏体不锈钢晶间腐蚀产生的机理及其影响因素。
2. 熟悉奥氏体不锈钢晶间腐蚀的试验方法。

二、实验原理概述

晶间腐蚀是沿着金属材料晶粒间界发生的一种局部腐蚀现象。这种腐蚀会促使晶粒间的结合力丧失,从而使材料的强度几乎完全消失。

晶间腐蚀本质上是一种电化学腐蚀。在腐蚀过程中,由于金属晶界区域和晶粒本体间电化学行为的差异,使晶界区的溶解速度远大于晶粒本体的溶解速度时,就会产生晶间腐蚀。这里,产生晶间腐蚀的必要条件是金属的晶界和晶粒本体具有不同的电化学行为,而其充分条件是金属与特定的介质作用时,晶界呈现阳极性溶解。造成晶界和晶粒本体间电化学行为不同的原因很多,例如二次相在晶界的析出、杂质元素在晶界的富集等等。

奥氏体不锈钢的晶间腐蚀的影响因素很多,钢的成分、热处理制度、冷变形度及外部介质条件都会对晶间腐蚀产生影响,这里只着重提一提钢的含碳量及稳定化元素对奥氏体不锈钢晶间腐蚀的影响。

基于贫碳理论,奥氏体不锈钢中含碳量越高,晶间腐蚀倾向就越大,不仅产生晶间腐蚀的加热温度、时间范围扩大,而且晶间腐蚀程度也加重。

不锈钢中加入稳定元素钛和铌,能缩小产生晶间腐蚀倾向的加热温度、时间范围,甚至可以消除晶间腐蚀倾向。其原因是钛和铌同碳的亲和力大于碳同铬的亲和力,高温时形成 TiC 或 NbC,固溶处理时也几乎不溶解,从而显著减少了固溶碳量,使钢在敏化温度加热时也没有铬的碳化物析出,以至不造成贫铬区。

检验不锈钢晶间腐蚀有一系列的物理、化学方法,试验条件对检验结果有严重的影响。为了确定奥氏体不锈钢的晶间腐蚀敏感性,通常使用 Huey 和 Strauss 试验法。

金属腐蚀与防护实验教程

Huey 试验法是把不锈钢样品放在 65% 沸腾硝酸中暴露 5~48 h,而腐蚀程度是用重量损失测量值计算或根据显微镜测得的晶界腐蚀深度评定。这种方法可以揭示由于晶界上的碳化铬或 σ 相不腐蚀而造成的晶间腐蚀倾向,通常,对于准备在类似 65% 沸腾硝酸的、氧化性较强的介质中使用的不锈钢,宜选用 Huey 试验。

Strauss 法所用试剂的配制方法如下:先把 100 g 硫酸铜溶解于 700 mL 蒸馏水中,而后加入 100 mL 硫酸,将不锈钢试样在此溶液中煮沸 72 h,然后从溶液中取出并弯折 180°,腐蚀程度根据肉眼观察弯曲后的表面估定,若试样向外弯折的表面上有小裂缝或裂纹外观,则表明有很轻微的腐蚀渗透性。

关于不锈耐酸钢晶间腐蚀倾向的试验方法,已列入国家标准:

GB 4334.1—2000 不锈钢 10% 草酸浸蚀试验方法

GB 4334.2—2000 不锈钢硫酸-硫酸铁腐蚀试验方法

GB 4334.3—2000 不锈钢 65% 硝酸腐蚀试验方法

GB 4334.4—2000 不锈钢硝酸-氢氟酸腐蚀试验方法

GB 4334.5—2000 不锈钢硫酸-硫酸铜腐蚀试验方法

关于各种试验方法的细节及其各种方法的相对比较,这里不予详细介绍。由于本实验采用硫酸、硫酸铜和铜屑沸腾试验,所以对该方法的有关问题作简要说明。

1. 关于铜屑作用的解释

$[CuSO_4+H_2SO_4]$ 溶液中加入铜屑可以大大加快晶间腐蚀试验。以厚度为 3~5 mm 的 1Cr18Ni19Ti 钢样为例。按不加铜屑的 L 法试验,规定煮沸 54~72 h,实际上这个时间还不够,需要 100~200 h,而按加铜屑的 T 法试验,则仅需 15 h,铜屑加速试验和钢的电位变化有关。

实验表明,在不加铜屑的 $[CuSO_4+H_2SO_4]$ 标准溶液中,不锈钢稳定电位处于+0.75 V 左右,即处于稳定钝化区,此时无晶间腐蚀。随着时间的推移(约需 100 h),由于腐蚀产物的增加,电位向负值方向转移(移到+0.4 V 以下)时晶间腐蚀速度增加。所以,在不加铜屑的试验中,晶间腐蚀是在试验末期开始的,试验总时间需要 100~200 h。

当溶液中加入铜屑后,则用钢的稳定电位立即确定在+0.35 V 左右(此电位接近于 $Cu+Cu^{++}=2Cu^{+}$ 反应的平衡电位),也就是立即处于过渡钝化区电位区间内,使贫铬晶界区发生高速溶解,因而缩短了试验周期(需 20~25 h)。

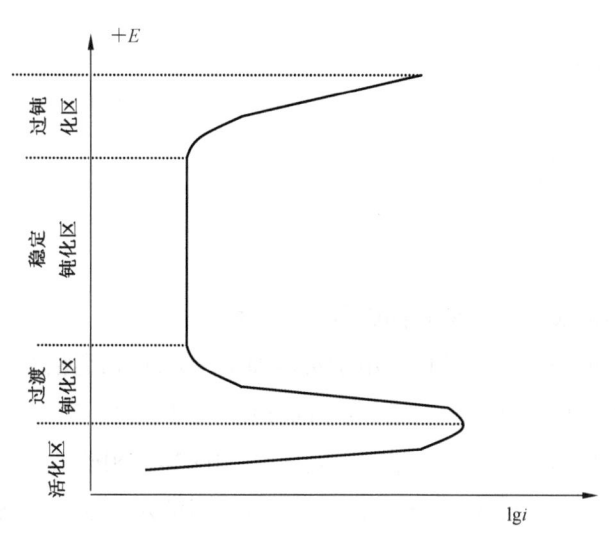

图 8-1　金属恒电位阳极极化曲线示意图

2. $CuSO_4$ 的浓度问题

相关研究数据显示:在[$CuSO_4$+H_2SO_4]溶液中,提高 H_2SO_4 的含量时,晶间腐蚀速度增加(但 H_2SO_4 浓度不宜超过 10%,否则全面腐蚀也将增加),当增加 $CuSO_4$ 含量时,则减小了溶液的腐蚀性,导致试验时间加长。因此要注意选定合适的比例并注意在试验过程中始终保证溶液的组成不发生变化。

三、实验用品

1. 奥氏体不锈钢试样。实验室中准备了两种不同牌号的奥氏体不锈钢 2Cr18Ni9 和 1Cr18Ni9Ti。试样经过了相同的热处理:首先进行固溶处理,钢材在 1 050 ℃加热 0.5 h,水淬,然后进行敏化处理,经固溶处理的钢材在 650 ℃下加热一小时,空冷。经上述热处理的钢材,通过机械加工制成 80 mm×20 mm×2 mm,表面洁度为 ▽7 的试样。

2. 硫酸铜($CuSO_4$·$5H_2O$,分析纯)、硫酸(H_2SO_4,比重 1.84,优级纯)、铜屑(纯度<99.5%,四号铜)、去离子水、丙酮。

3. 1~2 L 带回流冷凝器的磨口锥形烧瓶、1 000 W 电炉、自耦变压器、不锈钢镊子、竹镊子、滤纸、脱脂棉、砂纸、量筒(容量 1 000 mL 和 100 mL 两种)、粗天平、试样弯曲装置、2 000 mL 烧杯、10 倍放大镜。

四、实验内容及步骤

1. 试验溶液的配制

（1）用量筒量取 700 mL 去离子水，注入烧杯中。

（2）用粗天平称取 100 g 硫酸铜溶于 700 mL 去离子水中。

（3）在上述溶液中加入 100 mL 硫酸。

2. 试样的准备

（1）每组向实验室领取相同牌号的试样两块。

（2）用布或脱脂棉将试样上由于机械加工带来的油污擦去。

（3）观察试样表面，如有擦痕可用金相砂纸打磨掉。若划痕较深，可先用粗砂纸，然后用金相砂纸打磨，最后一道工序，用 02# 金相砂纸。

（4）用丙酮进一步除去试样表面的油脂，用清水、去离子水先后冲洗试样，然后用滤纸将试样表面的水吸干，放入干燥器中备用。

3. 试样的浸泡

（1）锥形烧瓶底部铺一层铜屑，然后将试样放入，要保证试样与铜屑充分接触，放好试样后，可在试样上再铺一层铜屑。

（2）将配好的试验溶液注入烧瓶，溶液应高出试样 20 mm 以上。

（3）组装好回流冷凝器的进、出水系统，并与锥形烧瓶通过磨口口联接。

（4）打开水阀，待回流冷凝器工作正常后，将锥形烧瓶放在电炉上加热，通过改变自耦变压器控制电炉的温度，待溶液沸腾后，再调节自耦变压器，使溶液保持沸腾状态。

（5）自溶液沸腾时开始计时，使溶液连续沸腾 16 h。

4. 结果的检验

（1）溶液沸腾 16 h 后，电炉停止加热，待试验溶液冷却，回流冷凝器停止供水。

（2）取出试样，用水洗净并用滤纸吸干，干燥。

（3）将试样放在弯曲装置上弯曲 90°，压头直径为 5 mm。

（4）用 10 倍放大镜观察弯曲后的试样外表面，若试样具备有晶间腐蚀裂纹，即认为具有晶间腐蚀倾向。

（5）试样不能进行弯曲评定或裂纹难以判断时，则采用金相法观察。

另外,从试样的端面产生的裂纹,以及不伴有裂纹的滑移线、皱纹和表面粗糙等都不能认为是晶间腐蚀产生的裂纹。

五、思考题

1. 奥氏体不锈钢为什么会产生晶间腐蚀?
2. 影响奥氏体不锈钢晶间腐蚀倾向的因素有哪些?
3. 为什么固熔体处理和加入稳定化元素可以消除奥氏体不锈钢的晶间腐蚀倾向?
4. 晶间腐蚀试验未通过的钢在今后实际使用中是否一定产生晶间腐蚀?反之,通过了的钢在实际使用中是否一定不产生晶间腐蚀?为什么?从中可以引出什么结论?

实验九　应力腐蚀实验——恒变形方法

一、实验目的

1. 了解应力腐蚀破裂的一般现象。
2. 学习一种恒变形实验方法。
3. 研究不锈钢 U 形试样在沸腾 $MgCl_2$ 溶液中的应力腐蚀破裂行为。

二、概述

应力腐蚀破裂是指金属在应力和腐蚀介质共同作用下所引起的腐蚀破裂过程。它既不同于单纯的由应力引起的破坏，又不同于单纯的由腐蚀引起的破坏。应力和腐蚀介质的破坏作用也不是简单的迭加，而是构成较为复杂的现象，使金属能在某些腐蚀甚微的介质中，在极低的应力下（远低于材料的屈服强度）遭受突发的脆性破坏。

应力腐蚀破裂的试验方法，一般常分为三类：①恒变形方法；②恒负荷方法；③慢应变速率方法。

恒变形方法就是通过试样的恒定变形，使之造成一定的应力，再放入选定的介质中进行腐蚀试验，恒变形方法虽然种类繁多，大都是简便可行的，但总是以试样恒定的变形为其特点，应力的数值随时间的延长而下降。

本试验是将不锈钢试样围绕一预定半径弯曲 180°，加工成 U 形，从而在试样的外表面产生拉伸应力。由于在弯曲中试样同时受到弹性变形和塑性变形。因而 U 形弯曲是光滑试样恒变形方法中最苛刻的一种受力形式。

三、实验装置

将奥氏体不锈钢 U 形试样放入盛有 $42\% MgCl_2$ 溶液的带回流冷凝器的磨口锥形烧瓶中煮沸。记录试样产生裂纹所需的时间和裂纹穿透试样厚度所需的时间，以此评判材料应力腐蚀破裂的敏感性。实验装置见图 9-1。

四、实验方法

(一) 不锈钢 U 形试样的制备

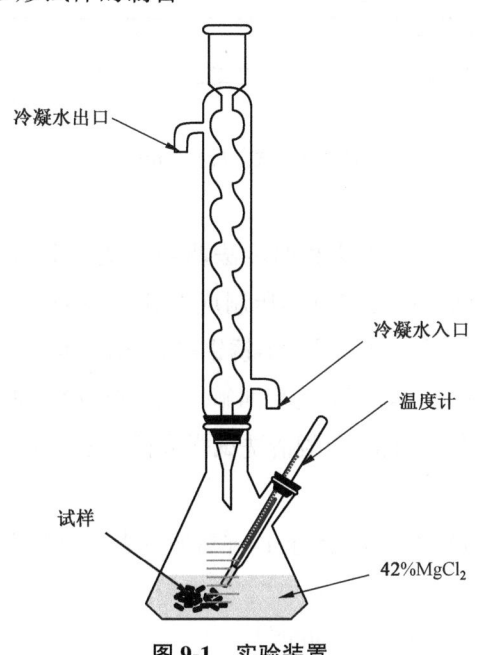

图 9-1 实验装置

1. 材料及性能

材料:1Cr18Ni9Ti。

合金成分	C	Mn	Si	Cr	Ni	Ti
质量分数/%	≤0.12	≤2.00	≤0.80	17~19	8~11	0.50~0.80

试样的部位和取向对应力腐蚀敏感性影响很大,必须注明取样部位及取向,本试验所用试验均为纵向试样。

2. 试样尺寸

U 形弯曲试样已有推荐的标准尺寸。本试验选择的试样尺寸为 75mm×12mm×1~1.5mm,见图 9-2。

3. 表面抛光

试样表面的光洁度对试验结果有极大影响。本试验要求表面光洁度为 ▽7,整个试样表面用 GB/T 2477—1983《磨料粒度及其组成》中规定的水砂纸依次磨到 W40 号。尤其注意试样侧面也要达到同样的光洁度,然后用适当溶剂洗净、除油。

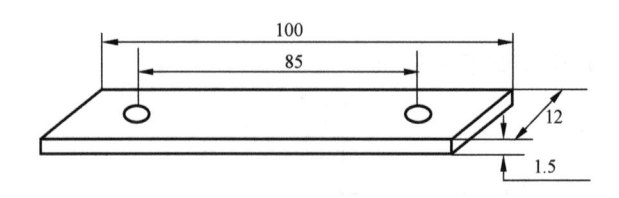

图 9-2　试样尺寸(mm)

4. 受力成形

试样弯曲成 U 形有一步法和两步法两种方式。本实验采用两步成形法(图 9-3),在千斤顶油压机上将试样压制成 U 形。注意试样中心对准上压头,不要使 U 形扭曲。压制好的试样用不锈钢螺钉固定,保持试样两端平行,变形恒定,试样和螺钉、螺母接触部分用聚四氟乙烯垫圈绝缘(想一想,为什么?)。

5. 清洗:逐次用水、酒精、丙酮清洗试样表面,脱脂后的试样用干净手套或镊子装夹。

6. 检查:用 5~15 倍放大镜检查试样弯曲外表面及侧面有无受力成型时引起的机械开裂。

(二) 42% 沸腾 $MgCl_2$ 溶液的配制

1. 沸腾 $MgCl_2$ 溶液常被推荐用于研究不锈钢在应力状态下对高浓氯离子的敏感性。

$MgCl_2$ 的沸点在 1 大气压下与浓度的关系曲线如图 9-4 所示。155 ℃对应的浓度为 45%,而 143 ℃对应的浓度为 42%。

(1)
(2)
(3)
(4)

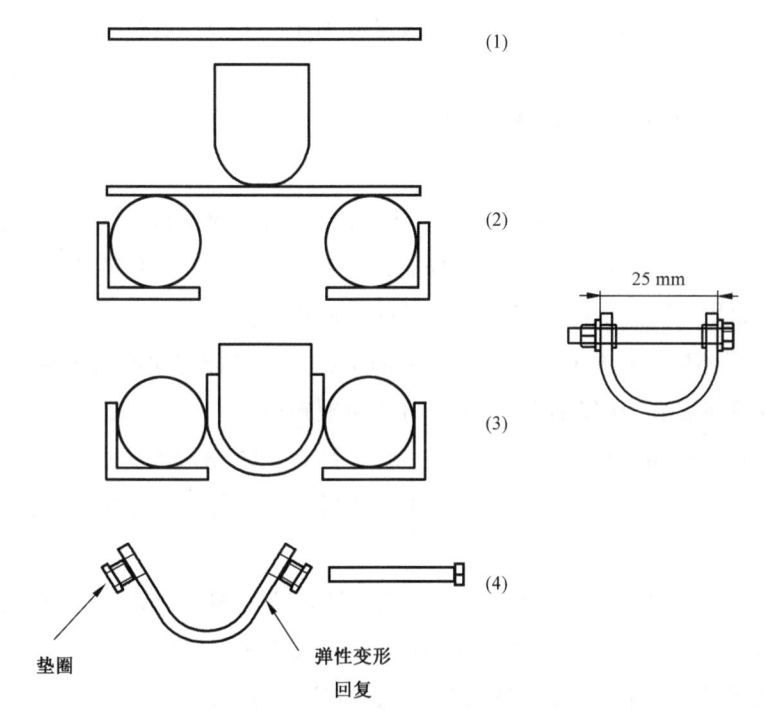

垫圈　　弹性变形回复

图 9-3　U 形试样的两部成形示意图

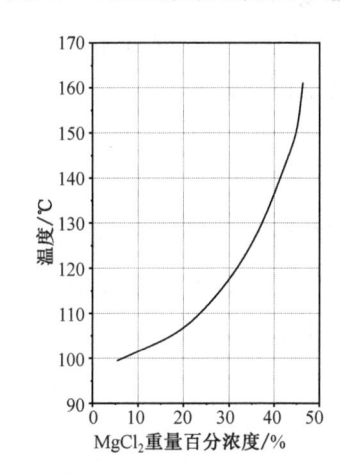

图 9-4　在 1 个大气压下 MgCl₂ 溶液浓度与沸点之间的关系

2. 本实验采用 42%浓度的 MgCl₂ 溶液,沸点应为 143 ℃。称取氯化镁 750 g(分析纯 MgCl₂·6H₂O),加入去离子水 60 mL(相当于多少重量百分浓度?)置于 1 000 mL 的锥形烧瓶中。装好回流冷凝器(作用是什么?),接通冷却水后加热溶液至沸腾,然后通过温度控制溶液浓度,温度高于 143 ℃ 则少量加入去离子水,反之则加入少量氯化镁,最终使 $MgCl_2$ 溶液稳定在 143 ℃,即保证浓度为 42%。

3. 操作时要谨慎小心,避免烫伤。

(三) 步骤

1. 将试样放入微沸的溶液里,同时开始记录试验的时间。试验溶液量保证每个试样在 250 mL 以上,一般每个烧瓶内放二个试样,最多不超过四个(可以根据试样面积与溶液比值确定),且应是同等材料(为什么?)。

2. 试样不应直接放在瓶底,应挂在玻璃支架上,试样之间不能接触,应使试样全部浸渍在溶液中(仔细操作,不要将烧瓶砸碎!)。

3. 每隔 15 min 取出试样,经水洗、吹干后用 5~15 倍放大镜观察,仔细记录在弯曲的侧面是否有蚀坑或微裂纹产生。然后再放入锥形烧瓶中继续煮沸,重新开始记录时间(操作要迅速)。

4. 反复上述步骤,直到试样表面出现点蚀坑或微裂纹为止,记下从试验开始至此累计的宏观裂纹发生的时间,即"宏观裂纹发生时间"。

5. 继续煮沸试样,重复上述操作,直到裂纹穿透试样厚度为止。记录此时累计的煮沸时间,即"裂纹贯穿时间"。

6. 试验结束,倒掉溶液,清洗装置。试样不要破坏,留作金相样品,以确定不锈钢在 $MgCl_2$ 溶液中的穿晶断裂形态。

五、实验报告

详细报告实验的准备和过程,包括材料、介质、样品尺寸、取向、表面光洁度、受力方法。及具体步骤等,整理数据,并报告出"宏观裂纹发生时间"与"裂纹贯穿时间",对实验结果进行讨论。

实验十 应力腐蚀实验——恒负荷方法

一、实验目的

1. 学习应力腐蚀实验的恒负荷拉伸方法。
2. 研究不锈钢光滑试样在沸腾 $MgCl_2$ 溶液中恒负荷拉伸时，应力腐蚀破裂（SCC）行为。

二、概述

应力腐蚀破裂机理目前有许多种假说，大多是用电化学和力学及金属物理学的观点去论述，尚没有一个完整统一的机理，但一般都认为应力腐蚀破裂的过程大致经历三个特征阶段，即孕育期（t_i）—裂纹扩展期（t_p）—快速断裂。

恒负荷拉伸方法，是指试样在加力过程中受恒定负荷作用（由于试样可能会有伸长变形，因而应力的数值并不是恒定的，即应力可能随时间的延长而有所提高）。本实验采用光滑试样恒负荷拉伸方法，它全面地反映出应力腐蚀破裂发展过程的三个特征阶段，还可以通过伸长的测量来确定 SCC 的孕育期 t_i。

确定孕育期 t_i 的方法很多，通过恒负荷光滑试样在拉伸试验中伸长量来确定孕育期只是其中的一种方法。

不锈钢光滑试样在一定条件下（某一固定的应力，例如屈服应力 s 的 95%，90%，85%，80%等）在 42%的沸腾 $MgCl_2$ 溶液中（即143 ℃）拉伸时，试样的伸长量和时间的关系曲线如图10-1所示。

实验初始阶段，试样的伸长量和时间的对数成正比，即 $L(t) \propto \lg t$，是直线关系。而后试样逐渐产生裂纹，致使伸长量陡增，L-$\lg t$ 曲线开始偏离直线段。随着裂纹在固定的应力下扩展直至断裂为止，可以从 L-$\lg t$ 曲线确定出 SCC 的孕育期 t_i，即 L-$\lg t$ 曲线开始偏离直线段所对应的时间。

实际上，为了准确地确定 SCC 的孕育期 t_i，除了测量 L-$\lg t$ 曲线以外，必须研究伴随产生的其他一些行为，来共同判定孕育期的大小，如蠕变行为、电位变化、电阻变化等等。另外还有用声发射金相检验的方法配合 L-$\lg t$ 曲线准确地确定出孕育期 t_i。本试验由于条件所限，是通过10倍放大镜的表面检验，配合

L-$\lg t$ 曲线粗略地估计 SCC 的孕育期 t_i。

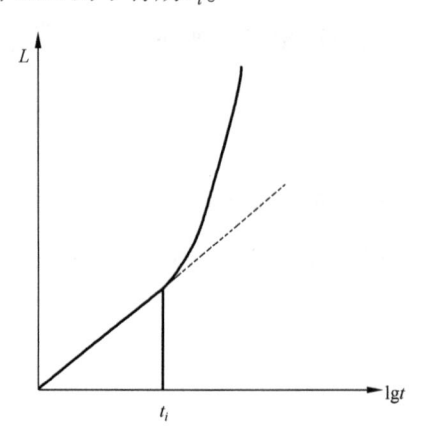

图 10-1 试样伸长量和时间的关系曲线

三、实验设备

恒负荷拉伸试验是在 P-1500 Ⅱ 型应力试验机上进行的。图 10-2 杠杆机构是使试样受到静拉伸负荷的主要部件,由 1∶50 的杠杆,可在试样上造成最大的拉伸负荷 1 500 kg。

不锈钢光滑试样置于盛有 $MgCl_2$ 溶液的内热式玻璃容器中,通过上下拉杆与加载机构联接。加载机构由蜗轮、蜗杆、手轮等组成,手轮顺时针转动为加载过程,加载砝码依照试样预期的外加 σ 来选择。可按下式计算所需的加载砝码重量 P:

$$P = \pi \sigma D^2 / 4 \times 50$$

式中:D——试样的直径;

σ——预期的外应力,而 $\sigma = \sigma_s \cdot n\%$,本实验里 σ 分别为屈服极限 σ_s 的 95%,90%,85%,80%,…。

四、实验方法

(一)不锈钢光滑试样的制备

1. 材料:1Cr18Ni9Ti

合金成分	C	Mn	Si	Cr	Ni	Ti
质量分数/%	<0.12	≤2.00	≤0.80	17~19	8~11	0.5~0.8

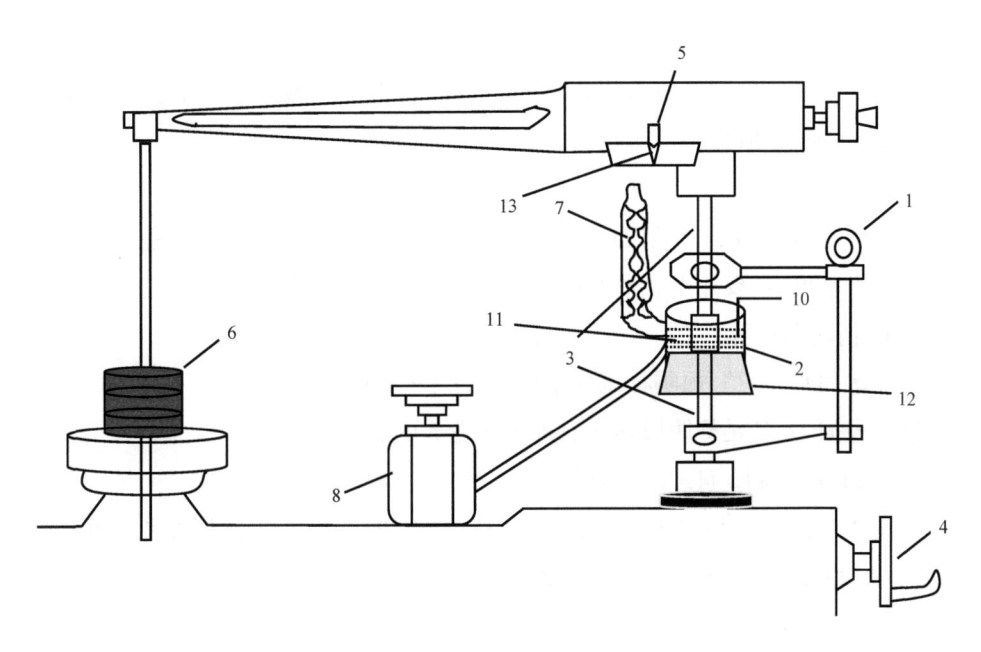

图 10-2　P-1500Ⅱ型应力腐蚀试验机示意图

1—百分表；2—玻璃容器；3—上、下拉杆；4—加载手柄；5—刀口；

6—砝码；7—回流冷凝器；8—自耦变压器；9—杠杆；

10—温度计；11—腐蚀溶液；12—橡胶塞；13—刃座

热处理：1 100~1 150 ℃水淬

机械性能	σ_b/(kg/mm^2)	σ_s/(kg/mm^2)	ψ
	≥55	≥27.5	40~55

2. 试样尺寸

光滑拉伸试样已有推荐的标准尺寸，本实验采用的试样尺寸如图 10-3 所示。

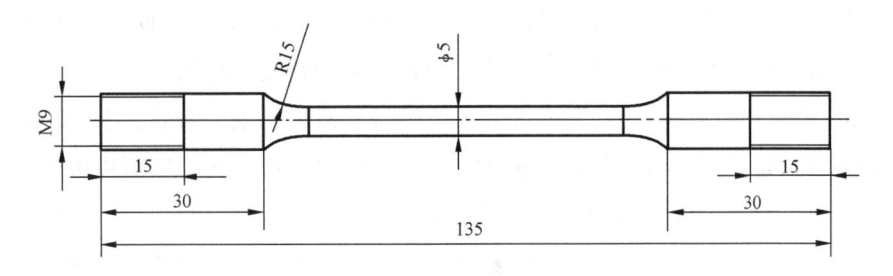

图 10-3　试样尺寸(mm)

3. 取样

拉伸试样一般对管材取纵向,板材取横向,钢材不做规定。本实验试样直接从轧制棒材中取样。

4. 表面抛光

试样经机械加工、磨削加工后表面光洁度可达▽6,但不满足实验要求。为了保证光洁度,需要用金相砂纸抛光。

5. 清洗和检验

逐次用水、酒精、丙酮将试样清洗、吹干,然后用实体显微镜(15×~40×)检查试样表面,尤其是标距段是否有加工所造成的裂纹。

(二) 42%沸腾 $MgCl_2$ 溶液的配制(参阅实验九)

用250 g 氯化镁($MgCl_2 \cdot 6H_2O$,分析纯)加 20 mL 去离子水加热。通过控制沸点143 ℃来配制42%浓度的 $MgCl_2$ 溶液。

(三) 实验步骤

1. 安装试样:把清洗好的试样通过橡胶塞与上下拉杆联系,并密封安装在容器瓶中,把百分表固定在拉杆上,接通容器瓶上的回流冷凝管,此时应使试样不受拉力。

2. 未加载前调节杠杆至水平位置,表示零点准确。然后按要求的应力及试样的尺寸计算出所应加入的砝码($P = \pi\sigma D^2/4 \times 50$),并把它们如数加在托盘上,此时杠杆已倾斜,表示负荷并未加到试样上。

3. 在加入介质前,容器瓶预先加热至50 ℃左右,然后倒入配置好的沸腾的42% $MgCl_2$ 溶液(注意小心操作,谨防烫伤)。调整变压器使容器瓶中的温度尽快稳定在143 ℃。

4. 介质温度稳定在143 ℃以后,即可开始实验。转动手轮,使杠杆重新保持水平,此时负荷已加到试样上,记下时间作为试验开始的时刻。

5. 实验开始第一分钟,记下百分表伸长量。然后每隔一分钟,记录一次百分表的伸长量。15 min 以后可以隔两分钟记录一次,30 min 以后可以隔5 min 记录一次。直至试样出现裂纹—扩展—断裂。

6. 试验进行3 min 后,孕育期接近结束,要时常用放大镜检查试样表面,特别注意表面上是否出现点蚀坑和环向的微裂纹,一出现马上记录下时间,此时表明SCC 的孕育期已结束。

7. 试样断裂后,停电,关冷却水,卸载,倒掉溶液后,再卸下试样,用清水、酒精洗断口。保持好以备今后观察使用。

8. 将容器清洗干净,应力试验机恢复原状。

五、实验报告

1. 报告所用材料成分、性能、取向、尺寸、表面状态、加力方式,介质配制等相关数据。

2. 整理好原始的伸长量与时间的数据,并将它们绘制在半对数坐标纸上。

3. 找出 L-$\lg t$ 曲线开始偏离直线的点,配合最初发现裂纹的时刻,大致可确定不锈钢光滑拉伸试样在 42% 沸腾 $MgCl_2$ 溶液中 SCC 的孕育期。

4. 综合几组不同应力水平的实验结果,初步绘出应力-破断时间曲线。

5. 讨论不锈钢在 42% 沸腾 $MgCl_2$ 溶液中 SCC 的行为。

6. 比较 U 形弯曲试验和恒负荷拉伸试验。

实验十一　无铵氯化物镀锌

一、实验目的

1. 了解和掌握电镀的基本原理、主要设备和工艺操作过程。
2. 了解无氨氯化物镀锌镀液的组成和配制,主要工艺参数及其对电镀的质量影响。

二、实验原理

让直流电通过电解质溶液,在电极表面发生电化学反应,从而使金属离子在工件(阴极)表面沉积的过程称之为电镀。无氨氯化物镀锌即是用 $ZnCl$ 为主盐,以 KCl(或 NaCl)为导电盐形成的电解质溶液,通直流电后在阴极工件上获得锌镀层。它是目前广泛应用的一种镀锌方法,其优点是镀液的成本低,镀液深度能力强,色泽光亮鲜艳,污水处理简单,较有发展前途。

本实验用酸性氯化钾(或氯化钠)镀锌液,由适量的 $ZnCl_2$,KCl(或 NaCl),硼酸及少量添加剂组成。$ZnCl_2$ 为主盐,氯化物为导电盐,硼酸为缓冲剂。

电极过程如下:

(1) 阴极过程

$$Zn^{2+}+2e \rightarrow Zn$$

除锌的沉积外,还有少量氢的析出。

$$2H^{+}+2e \rightarrow H_2 \uparrow$$

(2) 阳极过程

阳极主要是锌的溶解。

$$Zn-2e \rightarrow Zn^{2+}$$

锌阳极局部钝化时,氢氧根失去电子而放出氧气。

$$4OH^{-}-4e \rightarrow 2H_2O+O_2 \uparrow$$

除上述镀液成分外,主要的工艺参数还包括 pH、温度和电流密度。pH 应控制在 4.5~5.5 范围内,pH 偏高时,镀液黏度增大,镀层粗糙疏松;pH 偏低时,阴极上析氢多,电流密度低,同时镀层会出现垂直条纹。电镀过程中,由于阴极

上有 H_2 析出,pH 将逐渐升高,应随时加以调整。

镀液温度应控制在 15~30 ℃ 为宜,温度偏低,沉积速度慢,电流效率低,而且电流密度范围窄;温度偏高,则使镀层粗糙,均镀能力差。电镀过程中温度会逐渐升高,应注意控制。

阴极电流密度一般控制在 1~3 A/dm^2,最佳的电流密度根据温度、pH、锌离子浓度和镀件形状来确定。在锌离子含量高、温度高及 pH 低的情况下,电流密度可以适当加大,这有助于提高阴极极化作用,但电流密度过大,会使镀层发脆。

镀锌的前处理也是保证镀层质量重要的工艺环节,这包括磨光、抛光、除锈、除油等。

钢铁试件镀前处理工艺流程:

碱洗除油→水洗→酸洗除锈→水洗→机械抛光→有机溶剂除油→热水清洗→冷水清洗→电镀

三、实验仪器及用品

稳压直流电源、锌电极(2 块)、碳钢试样(2 块)、托盘天平、量筒(500 mL)、烧杯(1 000 mL)、温度计(100 ℃)、电炉、氯化钾、氯化锌、硼酸、ZC-1 添加剂、水砂纸、pH 试纸、石蜡、毛笔、无水乙醇等。

四、实验步骤

1. 实验溶液配制

(1) 烧杯内放入 200 mL 去离子水,在电炉上加热到 60~70 ℃。

(2) 称取 90 g KCl 放入烧杯内,并用玻璃棒不断搅拌,使之溶解。

(3) 再称取 $ZnCl_2$ 30 g,置于 KCl 溶液中搅拌均匀。

(4) 称取硼酸 15 g,放于 80 ℃ 水中,至硼酸完全溶解后,倒入上述的溶液中,冷却后再加添加剂 10 mL,稀释至 500 mL。

(5) 用 pH 计测镀液 pH。

(6) 将配制好的溶液注入池中。

2. 操作步骤

(1) 镀前处理

用水砂纸打磨试件表面,并用无水乙醇棉擦拭干净,将非工作面用蜡封上,留出 9 cm^2 的镀面。

(2) 按照图 11-1 所示将阳极锌板及碳钢试样置于一定的位置。

(3) 按图 11-1 接好线路,接通前要检查线路连接正确与否,经指导教师检查无误方可进行实验。

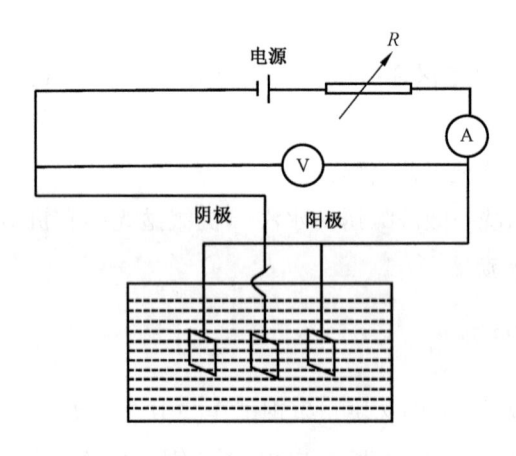

图 11-1 电镀装配示意图

(4) 电镀操作基本条件:

pH:4.5~5.5;

温度:15~30 ℃;

阴阳极之间距离:6~8 cm;

电镀时间:20~30 min。

(5) 电镀开始时电流可稍大些,数秒钟后,再调节至一定范围,以阴极上产生较小气泡为宜。

(6) 电镀在两种电流密度条件下进行:

电流控制在 0.1~0.15 A 时,镀 20 min。

电流控制在 0.02~0.05 A 时,镀 30 min。比较在不同电流密度下,镀件的表面状态。

(7) 电镀结束后取出锌电极和镀件,用水冲干净,观察镀层表面。

五、实验结果处理

1. 实验记录

试样材料：阴极_____，阳极_____，镀件工作面积_____，介质成分_____，介质温度_____。

2. 结果与讨论

比较两种不同电流下的镀层结果，求出实验中电流密度值，讨论如下（第六项中）思考题。

3. 撰写实验报告

六、思考题

1. 试比较氰化物镀锌与无氰镀锌的优缺点。
2. 观察阴阳极有无气体析出，写出气体析出的电化学反应。
3. 实验中所得镀件的镀层质量如何？你认为应如何提高镀层质量。
4. 电流密度变化时镀层质量有无变化？试分析其原因。
5. 为什么钢铁制品镀锌能起到防止锈蚀作用？
6. 电镀过程中有哪些条件会发生变化？试论述一下。

实验十二　重量法测定金属腐蚀速度

一、实验目的

1. 通过实验进一步了解金属腐蚀现象的原理,了解某些因素(如不同介质、介质的浓度以及是否有缓蚀剂等)对金属腐蚀速度的影响。
2. 掌握一种测定金属腐蚀速度的方法——重量法。

二、概述

目前测定腐蚀速度的方法很多,如重量法、电阻法、极化曲线法、线性极化法等。所谓重量法,就是试验金属材料在一定的条件下(一定的温度、压力、介质浓度等)经腐蚀介质一定时间的作用后,比较腐蚀前后该材料的重量变化从而确定腐蚀速度的一种方法。

对于匀称腐蚀,根据腐蚀产物容易除去或完全牢固地附着在试样表面的情况,可分别采用单位时间、单位面积上金属腐蚀后的重量损失或重量增加来表示腐蚀速度:

$$K = \frac{W_0 - W}{S \cdot t} \tag{12-1}$$

式中:K——腐蚀速度,$g/m^2 \cdot h$(K 为负值是增重腐蚀产物未清除);

　　　S——试样面积,m^2;

　　　t——实验时间,h;

　　　W_0——实验前试片的重量,g;

　　　W——实验后试片的重量,g(清除腐蚀产物后)。

对于均匀腐蚀的情况,以上腐蚀速度很容易按下式换算成以深度表示的腐蚀速度:

$$K_e = \frac{24 \times 365}{1000} \cdot \frac{K}{d} = 8.76 \frac{K}{d} \tag{12-2}$$

式中:K_e——一年腐蚀深度,mm/年;

　　　d——实验金属的密度,g/cm^3。

重量法是一种经典的实验方法,至今仍然被广泛应用,这主要是因为实验结果比较真实可靠,所以一些快速测定腐蚀速度的实验结果常常需要与其对照。重量法又是一种应用范围广泛的实验方法,它适用于室内外多种腐蚀实验,可用于评定材料的耐蚀性能、评选缓蚀剂、改变工艺条件时检查防腐效率等。重量法是测定金属腐蚀速度的基本方法,学习掌握这一方法是十分必要的。

但是,应当指出,重量法也有其局限性和不足。第一,它只考虑均匀腐蚀的情况,而不考虑腐蚀不均匀性;第二,对于重量法很难将腐蚀产物完全除去而不损坏基体金属,往往由此造成误差;第三,对于晶间腐蚀的情况,由于腐蚀产物残留在样品中不能去除,如果用重量法测定其腐蚀速度,肯定不能说明实际情况。另外,对于重量法要想做出 $K\text{-}t$ 曲线,往往需要大量的试样和冗长的实验周期。

本实验是碳钢在敞开的酸溶液中的全浸实验,用重量法测定其腐蚀速度。

金属在酸中的腐蚀一般是电化学腐蚀,由于条件的不同而呈现出复杂的规律。酸类对于金属的腐蚀规律很大程度上取决于酸的氧化性。非氧化性的酸,如盐酸,其阴极过程纯粹是氢去极化过程;氧化性的酸,其阴极过程主要是氧化剂的还原过程。

然而,我们不可能把酸类断然分为氧化性酸和非氧化性酸。例如当硝酸比较稀时,碳钢的腐蚀速度随酸浓度的增加而增加,是氢去极化腐蚀,当酸浓度超过 30% 时,腐蚀速度迅速下降,浓度达到 50% 时,腐蚀速度降到最小成为氧化性的酸,此时碳钢在硝酸中腐蚀的阴极过程是:

$$NO_3^- + 2H^+ + 2e \rightarrow NO_2^- + H_2O$$

低碳钢在 25 ℃ 时腐蚀速度与硝酸浓度的关系如图 12-1 所示。

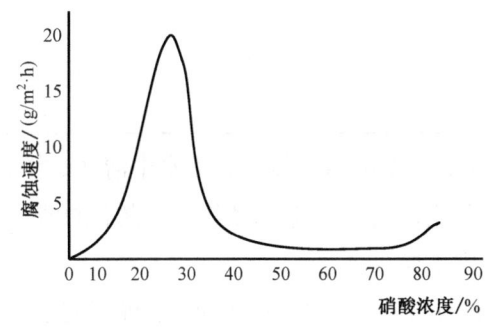

图 12-1 低碳钢在 25 ℃ 时腐蚀速度与硝酸浓度的关系

三、实验内容与步骤

(一) 试样的准备工作

1. 每组自实验室领取 8 块长方形碳钢试样,其尺寸为 50 mm×25 mm。

2. 为了消除金属表面原始状态的误差,以获得均一的表面状态,试样需要打磨。因试样已做机械加工,光洁度为▽7。

3. 试样编号,用钢印将试样打上号码,以示区别。

4. 准确测量试样尺寸,用游标卡尺准确测量试样尺寸,计算出试样面积,并将数据记录在表 12-1 中。

表 12-1

编号尺寸	长 a /mm	宽 b /mm	厚 c /mm	孔径 φ /mm	面积 S

5. 试样表面除油,首先用毛刷、软布在流水中清洗试样表面粘附的残屑、油污,然后用丙酮清洗脱脂用滤纸吸干。经除油后的试样避免再用手摸,用干净纸包好,放入干燥皿中干燥 24 h。

6. 将干燥后的试样放在分析天平上称重,准确度应达 0.1 mg,称量结果记录在表 12-2 中。

表 12-2

组别	腐蚀介质	腐蚀时间 t/h	试件原重 W_0/g	腐蚀后重 W/g	失重 (W_0-W)/g	腐蚀速率 K/(g/m² · h)	年腐蚀深度 K_e/mm	缓蚀效率/%	备注
一									
二									
三									
四									

(二) 腐蚀实验

1. 分别量取 300 mL 下列溶液

20% H_2SO_4 (用 GB 625—2007《化学试剂》优质纯 H_2SO_4，比重 1.84)

20% H_2SO_4 + 硫脲 10 g/L

20% HNO_3

60% HNO_3

将其分别放在 4 个 1 000 mL 预先冲洗干净的烧杯中。

2. 将试样按编号分成四组(每组两片)，用尼龙绳悬挂，分别浸入以上 4 个烧杯中。试样要全部浸入溶液，每个试样浸泡深度要求大体一样，上端应在液面以下 20 mm。

3. 自试样浸入溶液时开始记录腐蚀时间，半小时后，将试样取出，用水洗净。

(三) 腐蚀产物的去除

腐蚀产物的清洗原则是应去除试样上所有的腐蚀产物，而去掉最小量的基体金属。通常去除腐蚀产物的方法有机械法、化学法及电化学方法。本实验采用机械法和化学法。

1. 机械去除腐蚀产物：若腐蚀产物较厚可先用竹签、毛刷、橡皮擦净表面，以加速除锈过程。

2. 化学法除锈：目前化学法除锈常用的试剂很多，对于铁和钢来说，主要有：

(1) 20% NaOH+200 g/L 锌粉，沸腾 5 min。

(2) 浓 HCl+50 g/L SnCl$_2$+20 g/L SbCl$_3$，冷，直至干净。

(3) 12% HCl+0.2% As$_2$O$_3$+0.5% SnCl$_2$+0.4% 甲醛，50 ℃，15~40 min。

(4) 10%H$_2$SO$_4$+0.4% 甲醛，40~50 ℃，10 min。

(5) 12% HCl+(1~2)% 六次甲基四胺，50 ℃或常温。

(6) 饱和氯化铵+氨水，常温，直至干冷。

本实验采用：

12%HCl+(1~2)%六次甲基四胺，50 ℃或常温。此法效果是空白小、除锈快，经除锈后样品表面稍发黑。

3. 除净腐蚀产物后，用水清洗试样（先用自来水后用去离子水）。再用丙酮擦洗，用滤纸吸干表面，用纸包好，放在干燥皿内干燥 24h。

4. 干燥后的试样称重，结果记录在表 12-2 中。

四、实验用仪器设备、工具、药品

钢印、榔头、游标卡尺、毛刷、干燥器、分析天平、烧杯、量筒、时钟、搪瓷盘、温度计、电炉、玻璃棒、镊子、滤纸、尼龙丝。

丙酮、去离子水、20% H$_2$SO$_4$，20% H$_2$SO$_4$+硫脲 10 g/L，20% HNO$_3$，60% HNO$_3$，12%HCL+(1~2)%六次甲基四胺。

五、实验结果的评定

金属腐蚀性能的评定方法分为定性及定量两类。

(一) 定性评定方法

1. 观察金属试样腐蚀后的外形，确定腐蚀是均匀的还是不均匀的，观察腐蚀产物的颜色，分布情况及与金属表面结合是否牢固。

2. 观察溶液颜色有否变化，是否有腐蚀产物的沉淀。

(二) 定量评定方法

如果腐蚀是均匀的，可根据式(12-1)计算腐蚀速度，并根据式(12-2)换算成年腐蚀深度。根据下式计算20%H$_2$SO$_4$，以及加硫脲后的缓蚀率：

$$g = (K - K') \times 100\%/K$$

式中：K——未加缓蚀剂时的腐蚀速度；

K'——加入缓蚀剂时的腐蚀速度。

（三）实验报告

将试样结果写成报告，报告力求明确，有分析、有结论，而不是实验现象和原始数据的简单罗列，报告中应包括：

实验日期；

实验目的；

实验方法和步骤，实验装置。

实验的原始数据和实验中观察到的现象。关于试样牌号、成分、组织、加工及热处理情况、试样的尺寸、面积、腐蚀前后的重量、实验时间、实验介质的成分、浓度、温度、压力、流速、充气条件等应作详细记录。实验原始数据可参照表12-1,12-2 的格式。

实验结果的分析、结论及讨论。

六、思考题

1. 实验前对试样的牌号、成分、组织、加工工艺、来源等问题要加以了解，为什么？

2. 为什么试样浸泡前表面要经过打磨？

3. 为什么要保持试样面积与溶液体积之比？放太多的试样或同时放几种类型不同的金属对腐蚀速度测定有何影响？

4. 试样浸泡深度对实验结果有何影响？

5. 何谓缓蚀剂？

实验十三　用线性极化技术测定金属腐蚀速度

一、实验目的

1. 了解线性极化技术测定金属腐蚀速度的原理。
2. 掌握线性极化仪的使用方法。
3. 掌握几种求 Tafel 常数的方法。
4. 了解并评定碳钢——硫酸体系中缓蚀剂的缓蚀效果。

二、实验原理

从腐蚀金属极化方程式出发

$$i = i_K \left[\exp\left(\frac{2.3(E-E_K)}{b_a}\right) - \exp\left(\frac{2.3(E_K-E)}{b_c}\right) \right] \quad (13\text{-}1)$$

通过微积和适当的数学处理可导出：

$$R_P = \frac{\Delta E}{\Delta i}\bigg|_{E_K} = \frac{1}{i_K} \cdot \frac{b_a \cdot b_c}{2.3(b_a+b_c)} \quad (13\text{-}2)$$

式中：R_p ——极化阻力，Ω/cm^2；

　　　ΔE ——极化电位，V；

　　　Δi ——极化电流，A/cm^2；

　　　i_K ——金属自腐蚀电流，A/cm^2；

　　　b_a、b_c——常用对数阳、阴极塔菲尔常数，V；

　　　E_K ——金属的自腐蚀电位，V。

式(13-2)也是根据斯特恩(Stern)和盖里(Geary)的理论推导，对于活化极化控制的腐蚀体系导出的极化阻力与腐蚀电流之间存在的关系式。在电化学测量的每一个时刻，i_K、b_a、b_c 都是定值。显然在 E-i 极化曲线上，腐蚀电位附近(<10 mV)存在一段近似线性区，ΔE 与 Δi 成正比而呈线性关系，此直线的斜率 $\frac{\Delta E}{\Delta i}$ 就是极化阻力，从而引出了"线性极化"一词，即有

$$R_P = \frac{\Delta E}{\Delta i}\bigg|_{E_K} \quad (13\text{-}3)$$

R_P 恒等于腐蚀电位附近极化曲线线性段的斜率。

令

$$B = \frac{b_a \cdot b_c}{2.3(b_a + b_c)}$$

则有

$$R_K = \frac{B}{i_K} \tag{13-4}$$

$$i_K = \frac{B}{R_P} \tag{13-5}$$

式(13-5)为线性极化方程式,很显然极化阻力 R_P 与腐蚀电流 i_K 成反比。但要计算腐蚀电流,还必须知道体系的塔菲尔常数 b_a 和 b_c,再从实验中测得 R_P 代入方程(13-2)中得到。对于大多数体系可认为腐蚀过程中 b_a 和 b_c 总是不变的。确定 b_a 和 b_c 的方法有以下几种:

(1) 极化曲线法——在极化曲线的塔菲尔直线段求直线斜率 b_a、b_c;

(2) 根据电极过程动力学基本原理,由 $b_a = 2.3RT/(1-\alpha)n_aF$ 和 $b_c = 2.3RT/\alpha n_cF$ 公式,求 b_a、b_c,关键是要正确选择 α 值(值为 0~1 之间的数值),这要求对体系的电化学特征了解得比较清楚,例如:析 H_2 反应,在 20 ℃各种金属上反应 $\alpha \approx 0.5$,所以,b_c 值都在 0.1~0.12 V 之间。

(3) 查表或估计 b_a 和 b_c,对于活化极化控制的体系,b 值范围很宽,一般在 0.03~0.18 V 之间,大多数体系落在 0.06~0.12 V 之间,如果不要求精确测定体系的腐蚀速度,只是进行大量筛选材料和缓蚀剂以及现场监控时,求其相对腐蚀速度,这还是一个可用的方法。一些常见的腐蚀体系,已有许多文献资料介绍了 b 值,可以查表使用,关键是要注意使用相同的腐蚀体系,相同的实验条件和相同的测量方法的数据,才能尽量减小误差。

三、仪器和药品

线性极化仪、碳钢电极、烧杯、电极架、H_2SO_4、若丁、乌洛托品、丙酮棉、酒精棉、砂纸等用品。

四、实验步骤

1. 三电极体系准备

(1)焊接;

(2)打磨;

(3)计算面积;

(4)清洗。

2. CR-3 多功能腐蚀测量仪的使用方法(具体看说明书)

(1)接通电源

接通电源,预热 15 min。

(2)电流调零

"量程"置 20 μA 挡,按下工作选择的"Ig"键,插上校准探头,此时数字应显示 0.00,若有偏差可调节后面"调零Ⅱ"。

(3)电位调零

工作选择键全部抬起,"量程"置 20 μA 挡,"极化值"置 10 mV 挡,当红色灯亮时应交替显示±10.00,若有偏差,可调节仪器后面板上的"调零Ⅰ"。

注意事项:工作选择的键不可同时按下两个(含两个)以上。

(4)线性极化测量

① 把电极插头插入"电极输入"插孔,电极输入夹头为黄色的接工作电极(W),电极输入夹头为红色的接辅助电极(A),电极输入夹头为蓝色的接参比电极(R)。

② 置量程为 2 V 挡,按下 E_K 键,数字显示即为参比电极相对于工作电极的自然腐蚀电位。负值表示工作电极电位高于参比电极,正值反之。

③ 根据测量所需选择极化值和极化方向,调整"量程"至合适的电流量程范围。此时,仪器内部按设计逻辑自动工作,首先经过 32 s 的自腐蚀电位跟随时间,然后开始恒电位极化(红灯亮),在极化过程结束前定时采样(绿灯亮),数字显示该次极化的测量电流值,并一直保持到下一个极化周期的采样时刻。

3. 实验溶液配制

（1）0.5 mol/L H_2SO_4 800 mL

0.5 mol/L H_2SO_4 分别加 0.2 g,0.5 g,0.6 g,0.8 g,1.0 g,1.2 g 乌洛托品的溶液（六次甲基四胺）。

（2）0.5 mol/L H_2SO_4

0.5 mol/L H_2SO_4+1 mg 硫脲$(NH_2)_2CS$；

0.5 mol/L H_2SO_4+1 mg 若丁（二邻甲苯基硫脲）；

0.5mol/L H_2SO_4+0.5％乌洛托品（六次甲基四胺$(CH_2)_6N_4$）。

4. 电极测定分别测定各电极电位，选择电位差小于 2 mV 的 2 个电极为工作电极和参比电极，另一电极为辅助电极。

5. 加极化电位±5 mV 记录 ΔI_5 或 R_P；

加极化电位±5 mV，记录 ΔI_{10} 或 R_P。

五、结果处理

1. 计算或作图求出 R_P。
2. 选用以下 b_a、b_c 数据，计算 i_K：

20 ℃塔菲尔常数	b_a	b_c
0.5 mol/L H_2SO_4	54.4	112.1
0.5 mol/L H_2SO_4+硫脲	91.1	121.2
0.5 mol/L H_2SO_4+若丁	76.3	157.4
0.5 mol/L H_2SO_4+乌洛托品	96.0	132.0

3. 比较几种缓蚀剂的缓蚀率。
4. 讨论影响本实验准确度的因素。

六、思考题

1. 在什么条件下才能应用线性极化方程式计算金属腐蚀速度？
2. 确定塔菲尔常数的方法有哪些？当无法得到时可以作什么样的近似？

实验十四　电位-pH 图的应用

一、实验目的

1. 学会应用电位-pH 图。
2. 了解铁在 0.1 mol/L NaHCO$_3$(pH=8.4)溶液中的腐蚀情况,并在此条件下对铁进行阳极保护和阴极保护。

二、实验原理

电极电位的高低可以反映物质的氧化还原能力,从而判断电化学反应进行的可能性。大部分氧化还原反应和溶液的 pH 有关,将反应物质的电极电位与 pH 的关系绘成图,可直接从图上判断给定条件下反应进行的可能性或进行反应所必须的电位或 pH 条件,这种图称作电位-pH 图或 Pourbaix 图。

Fe-H$_2$O 体系的电位-pH 图(见图 14-1)给出了铁及其氧化物(或氢氧化物)稳定存在的平衡区域,也可用以估计铁在不同 pH 的水溶液中进行阳极保护和阴极保护的条件。例如,图 14-1 A 点处于 Fe^{2+} 稳定区,故金属铁将受到腐蚀而生成 Fe^{2+};但如果对它进行阳极极化,使其电位由 E_A 提高到 E_C,因为图中 C 点处于 Fe$_2$O$_3$ 的稳定区,所以在铁表面上生成一层 Fe$_2$O$_3$ 膜,金属铁可由腐蚀状态进入钝化状态,使铁的腐蚀速度大大减小而受到保护。

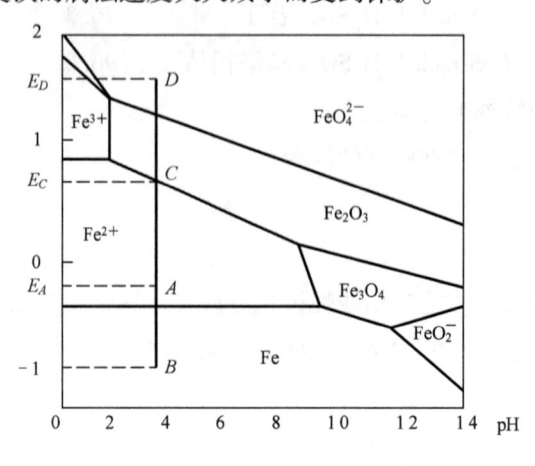

图 14-1　Fe-H$_2$O 系的 E-pH 图

也可对金属铁进行阴极极化,即将电位由 E_A 降低到 E_B。图 14-1 中 B 点处在铁的稳定区,所以金属铁将由腐蚀状态(A 点)转变为热力学稳定状态,使铁的腐蚀停止而得到保护。如果金属铁处于图中 D 点的条件,该区域是 FeO_4^{2-} 的稳定区,这表明金属铁是处于过钝化状态。也可采用阴极极化使其电位由 E_D 降低到 E_C,则金属铁从过钝化状态进入钝化状态而受到保护。

三、实验仪器和药品

直流稳压电源、数字电压表、毫安表、极化池(2 个)、铂金电极(2 块)、饱和甘汞电极(2 个)、铁丝电极($\phi=1.6$ mm, $L=300$ mm)(8 根)、氮气、氧气、烧杯 250~300 mL(细长的)、$NaHCO_3$(0.1 mol/L, pH=8.4)(2 L)、H_2SO_4(1 mol/L)、无水乙醇棉、乳胶管、弹簧夹、吹风机。

四、实验步骤

1. 制作电极

将 $L=40$ cm, $\phi=1.6$ mm 的铁丝绕在 $\phi=10$ mm 金属棒上,尾部留出 4 cm 用与外线路连接,抽出金属棒后将铁丝圈拉成图 14-2 所示尺寸。

2. 处理铁丝电极

将铁丝电极放入盛有 1 mol/L H_2SO_4 的细长烧杯中,待铁丝表面镀锌全部溶解后(气泡析出量骤减)取出,用去离子水冲洗两次,然后用酒精棉擦净,吹干待用。

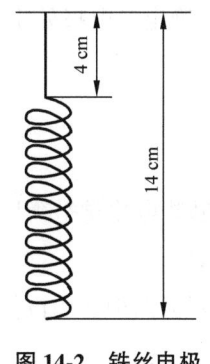

图 14-2 铁丝电极

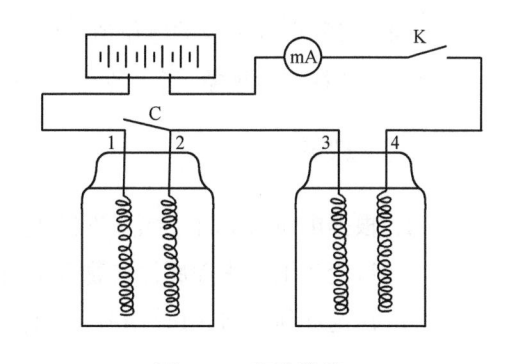

图 14-3 实验线路

3. 阳极腐蚀与保护

(1) 在两个极化池中分别注入 500 mL 0.1 mol/L $NaHCO_3$(pH=8.4),将

4根处理好的铁丝电极编号并放入两极化池中,如图14-3所示,连接好线路,向溶液中通N_2 15 min后即可测定自然腐蚀电位。

(2) 合上开关K、C,将电源的电压由零缓慢调至2.5 V左右,观察电流下降的情况和各电极的反应现象(如腐蚀产物颜色,气体析出情况等)并记录下来。待电流稳定后(降至5 mA),测定各电极的电位。

(3) 用玻璃棒轻轻敲击电极4,使其表面附着物脱离电极表面,然后断开开关C,观察各电极的反应现象。15 min后记下电流值并测定各电极的电极电位。

(4) 断开开关K,停止通N_2,取出电极,观察并记录各电极表面状态。

(5) 将测得的各电极的电位值与电位-pH图比较,确定出各电极处于什么区域(免蚀区、腐蚀区、钝化区)。

(6) 解释各电极的反应现象,指出各电极的产物是什么?

4. 阴极腐蚀与保护

(1) 如前述,连接好实验线路。向极化池1中通O_2,极化池2处于自然状态,15min后测定4个电极的自然腐蚀电位。

(2) 关闭开关K,开关C断开,调节电源的电压(约4.5 V),使极化池中阴极的电极电位为-600 mV(SCE),观察并记录电流的变化情况和反应现象,测定各电极的电极电位。

(3) 去掉电极1上的反应产物,观察并记录各电极的反应现象(注意腐蚀产物的颜色,溶液的颜色,气体析出等情况)。

(4) 将测得各电极的电位值与电位-pH图比较,确定各电极处于什么区域。

(5) 解释实验现象,指出各电极上的产物是什么。

五、思考题

1. 根据电位-pH图,讨论在实验电位范围内有哪些电化学平衡反应。
2. 讨论各电极表面腐蚀产物及析出气体是什么?
3. 讨论如何对$NaHCO_3$(pH=8.4)中的铁进行阳极保护和阴极保护。

实验十五　弱极化区金属腐蚀速度的电化学测定

一、目的意义

1. 掌握用"Fc-5"腐蚀测量仪,对同种材料三电极体系进行弱极化区腐蚀速度的测定。
2. 学习用截距法和三点法处理实验数据,求腐蚀速度。
3. 学习用计算机处理实验数据(回归三点法、四点法)求腐蚀速度。
4. 了解不同体系应采用不同的方法测定腐蚀速度,及相同的体系,采用不同方法处理实验数据的差别。

二、原理概述

弱极化区腐蚀速度的电化学测量的依据是:腐蚀金属电极极化方程式。

$$I = i_K \left(\exp \frac{2.3\Delta E}{b_a} - \exp \frac{-2.3\Delta E}{b_c} \right) \tag{15-1}$$

式中:I——外加极化电流;

i_K——腐蚀电流;

ΔE——极化值,$\Delta E = E - E_K$;

b_a——阳极 Tafal 常数;b_c——阴极 Tafal 常数。

式(15-1)满足的条件是:(1)两个局部反应均受活化极化控制;(2)体系的腐蚀电位相距二个反应的平衡电位甚远,以至于可以忽略局部阳极上的还原反应电流及局部阴极上的氧化反应电流。式(1)描述金属腐蚀行为的 $I = f(E)$ 方程式。在极化电位为 ±20~±70 mV 以内,称为弱极化区,其中 I、E 满足式(15-1),对在 ±70 mV 内测到的 ±ΔE,±ΔI 进行适当的数学处理,就可以确定体系的腐蚀电流 i_K、阳极 Tafal 常数 b_a、阴极 Tafal 常数 b_c,以及交换电流密度 i^0 等电极过程动力学参数。

具体处理和数学运算请参考《金属腐蚀试验方法》第九章第二节。这里不再重复。

三、回归分析方法处理实验数据

对于一个二元一次方程式:$y = ax + b$,其中 b 为 $y = f(x)$ 函数图上的截距。经过多次测量,得到的数据点分布如图 15-1 所示。由于实验误差,多组实验点以不同状态偏离直线 $y=ax+b$,在分散的实验点之间力图绘出一条最佳直线,以使各实验点与此直线的偏差平方和为最小,这就是最小二乘法。因为实验偏差有正有负,如求偏差之和为最小,由于正负相抵得不到最佳直线,所以需求偏差平方和为最小,此即采用最小二乘法的原因。

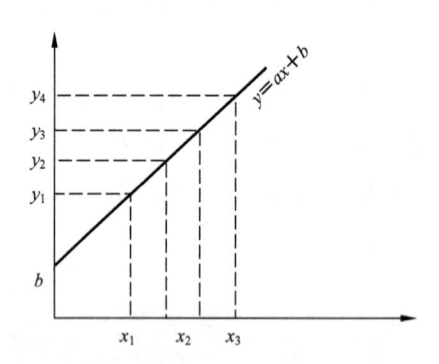

图 15-1 截距法的实验数据分布示意图

设以 Q 表示偏差平方和,作为总的误差,则

$$Q = \sum_{i=1}^{n} (ax_i + b y_i)^2 \tag{15-2}$$

回归直线就是在所有直线中偏差平方和为最小的一条直线。也就是说,回归直线

$$y = ax + b \tag{15-3}$$

式(15-3)中 a(斜率)及常数项 b(截距)应使 Q 达到最小值。根据极值原理,要使 Q 达到最小值,应满足

$$\frac{\partial Q}{\partial a} = 0; \frac{\partial Q}{\partial b} = 0 \tag{15-4}$$

联立这两个偏导方程,可得:

$$\left(\sum_{i=1}^{n} x_i^2\right) a + \left(\sum_{i=1}^{n} x_i\right) b = \sum_{i=1}^{n} x_i y_i \tag{15-5}$$

$$\left(\sum_{i=1}^{n} x_i\right) a + nb = \sum_{i=1}^{n} y_i \tag{15-6}$$

用行列式解此联立方程组,可得回归直线的斜率 a 及其在 y 轴上的截距 b:

$$a = \frac{n \sum x_i y_i - \sum x_i \sum y_i}{n \sum x_i^2 - (\sum x_i)^2} \tag{15-7}$$

$$a = \frac{\sum x_i^2 \sum y_i - \sum x_i \sum x_i y_i}{n \sum x_i^2 - (\sum x_i)^2} \tag{15-8}$$

现将回归分析技术用于弱极化区巴拿特三点法的数据分析（见《金属腐蚀试验方法》p167-171）。有公式

$$I_k = \frac{I_{\Delta E}}{\sqrt{r_2^2 - 4\sqrt{r_1}}} \tag{15-9}$$

$$b_a = \frac{\Delta E}{\lg(r_2 + \sqrt{r_2^2 - 4\sqrt{r_1}}) - \lg 2} \tag{15-10}$$

$$b_c = \frac{\Delta E}{\lg(r_2 - \sqrt{r_2^2 - 4\sqrt{r_1}}) - \lg 2} \tag{15-11}$$

其中

$$r_1 = \frac{I(2\Delta E)}{I(-2\Delta E)}; r_2 = \frac{I(2\Delta E)}{I(\Delta E)}$$

式(15-9)、(15-10)、(15-11)都可以写成二元一次线性方程,$y=ax+b$ 的形式,并且其中 b 为零。

对于式(15-9)

令 $x = I(\Delta E), y = r_2^2 - 4r_1, a = \dfrac{1}{i_k}$

则

$$i_k = \frac{1}{a}$$

$$i_k = \frac{n \sum x_i^2 - (\sum x_i)^2}{n \sum x_i y_i - \sum x_i \sum y_i} \tag{15-12}$$

对于式(15-10)

令

$$x = \Delta E$$

$$y = \lg(r_2 - \sqrt{r_2^2 - 4\sqrt{r_1}}) - \lg 2$$

$$b_a = \frac{1}{a}$$

则

$$b_a = \frac{n \sum x_i^2 - \sum (x_i)^2}{n \sum x_i y_i - \sum x_i \sum y_i} \tag{15-13}$$

对于式(15-11)

令 $x = \Delta E$

$$y = \lg\left(r_2 - \sqrt{r_2^2 - 4\sqrt{r_1}}\right) - \lg 2$$

$$b_c = \frac{-1}{a}$$

则

$$b_c = \frac{\sum (x_i)^2 - n\sum x_i^2}{n\sum x_i y_i - \sum x_i \sum y_i} \tag{15-14}$$

我们可以用回归分析的方法处理各种测量数据,只要将弱极化区测量值代入各种方法的计算公式中,根据给定条件和实验目的,定义 $y=ax+b$ 中的 x 和 y,就能由公式(15-7)、(15-8)计算出我们需要的 i_k、b_a、b_c 等参数值。例如回归二点法中,对于阴极过程受扩散控制的体系,经过 $\pm\Delta E$ 两次极化测量得到的极化电流密度与腐蚀电流密度之间由满足式(1),改为满足下式

$$\frac{1}{I_c} = \frac{1}{I_a} + \frac{1}{I_k} \tag{15-15}$$

可令 $x = 1/I_a, y = 1/I_c$

则显然从 $y=ax+b$ 二元一次线性方程式中看出

$$a = 1$$
$$b = 1/I_k$$

即 $I_k = 1/b$,从式(15-8)可以直接计算出 I_K 值。式(15-15)中 I_c 和 I_a 是由 $\Delta E \pm$ 二次极化时得到的阴、阳极电流测量值。

四、实验要求

认真预习:

(1) 掌握实验原理、方法及计算公式;
(2) 认真思考,设计出实验数据表格;
(3) 熟悉仪器使用、操作规则;
(4) 配置好实验溶液。

五、实验用品

Fc-5型腐蚀测量仪(或用PS-1型恒电位仪:红为辅助电极,绿为参比电极,

黄或白为研究电极)、天平、$\phi 6$ mm×25 mm 圆柱形 A_3 钢电极、800 mL 烧杯、1 000 mL 量筒、氯化钠(化学纯或分析纯)、醋酸(化学纯或分析纯)、丙酮棉、酒精棉、石蜡、手套等用品。

六、实验方法

本试验采用同样材料三电极体系进行恒电位测量。测量体系为：

（1）3.5% NaCl-A_3 钢体系(阴极为氧去极化,恒电位法)

（2）0.5 mol/L NaCl + 0.5 mol/L CH_3COOH-A_3 钢体系(注意观察什么时候开始扩散控制)。

步骤：

（1）配制实验所需各种溶液。

（2）用砂纸打磨试样,由粗到细,并用丙酮棉擦净待用。

（3）将三电极分别安装于电极支架上,组成等距离三角形电极体系。用石蜡将支架可能裸露在溶液中的金属部分封闭,放入溶液中。连接好线路,请老师检查合格方可开启 Fc-5 腐蚀测量仪电源。仪器预热 15 min 后,开始进行极化测量(预习时务必将仪器使用说明书仔细阅读并将实验步骤的细节及先后次序考虑好)。

4. 记录实验数据:极化值为 ΔE(mV) = 0, ±1, ±2, ±3, ⋯, ±35, ±36, ±38, ±40, ±42, ⋯, ±70(36mV 后只测量双数电位值)。

记录 I_a 和 I_c 值(注意单位)在事先设计好的数据表格中。

七、实验报告要求

实验报告应包含以下内容：

1. 实验者姓名、同组人姓名、实验日期。
2. 实验名称、实验主要目的、实验扼要原理。
3. 实验内容、实验原始数据(包括表格)。
4. 实验数据处理过程、实验结果、分析、讨论等。
5. 要求用截距法处理实验体系(1)。
6. 用回归三点法处理体系(2)。
7. 用计算机处理体系(2):①用回归三点法程序;②用四点法程序。

八、思考和讨论题

1. 为何选用同种金属三电极体系？

2. 将弱极化区测得的 I_k 值与强极化区测得的 I_k 值进行比较,并分析(以 1 mol/L NaCl+1 mol/L CH$_3$COOH 体系为例)。

3. 讨论测出最优计算机处理程序。

4. 归纳弱极化区测量金属腐蚀速度的方法及所适用的体系。

实验十六　计算机程序设计（Q-BASIC 语言）及数据处理

一、实验目的

1. 复习已学过的计算机课程内容，结合腐蚀专业知识能够编写数据处理程序。

2. 能够操作计算机，处理实验十三中的数据，计算出腐蚀电流 I_K 和参数 b_a、b_c。

3. 了解和熟悉计算机的使用。

二、计算机处理实验数据举例

1. 以实验十五 1 mol/L NaCl+1 mol/L CH_3COOH-A_3 体系恒电位的测量数为例。

2. 某一次测量数据以及计算机处理结果 [坐标 $I_a(\mu A)$、$I_c(\mu A)$]

A：回归三点法处理实验结果，求 I_k、b_a、b_c

10　DATA　22,24,46,44,70,66,97,90,125,114,
　　　　　153,138,179,158

20　DATA　200,190,240,200,270,230,300,250,
　　　　　330,270,360,270,390,310

30　DATA　420,350,460,370,490,390,520,410,
　　　　　560,430,590,450,620,470

40　DATA　660,490,690,610,720,530,760,550,
　　　　　800,570,840,570,880,590

50　DATA　920,600,950,620,990,640,1030,660,
　　　　　1070,680,1110,700,1160,720

60　DATA　1190,730,0,0,1270,770,0,0,1360,
　　　　　800,0,0,1450,840

70　DATA　0,0,1540,870,0,0,1640,910,0,0,
　　　　　1740,950,0,0

80 DATA 1840,990,0,0,1900,1100,0,0,2000,1100,
           0,0,2100,1200

90 DATA 0,0,2200,1200,0,0,2400,1300,0,0,
           2500,1300,0,0

100 DATA 2700,1400,0,0,2800,1400,0,0,3000,1500,
           0,0,3100,1500

110 DIM X(70),Z(70),P(35),H(35),Y(35)

120 FOR I=1 TO 70

130 READ X(I),Z(I)

140 NEXT I

150 FOR I=1 TO 35

160 T=X(2*I)*X(2*I)/(X(I)*X(I))-4*SQR(X(2*I)/Z(2*I)

170 IF I<0 THEN 220

180 Y(I)=SQR(T)

190 P(I)=LOG[(X(2*I)/X(I)+Y(I)/2]/2.303(log 转换成 ln 时除以 2.303)

200 H(I)=LOG[(X(2*I)/X(I)-Y(I)/2]/2.303

210 N=N+1

220 NEXT I

230 PRINT N

240 A=0：B=0：D=0：E=0

250 FOR I=1 TO 35

260 IF Y(I)=0 THEN 280

270 A=A+X(I)*X(I)：B=B+X(I)：D=D+Y(I)：E=E+X(I)*Y(I)

280 NEXT I：GOSUB 450

290 A=0：B=0：D=0：E=0

300 FOR I=1 TO 35

310 IF Y(I)=0 THEN 330

320 A=A+I*I：B=B+I：D=D+P(I)：E=E+I*P(I)

330 NEXT I：GOSUB 390

第 2 章　原理实验

340　A=0：B=0：D=0：E=0

350　FOR I=1 TO 35

360　IF Y(I)=0 THEN 380

370　A=A+I*I：B=B+I：D=D+H(I)：E=E+I*H(I)

380　NEXT I：GOTO 420

390　BA=(N*A-B*B)/(N*E-B*D)

400　PRINT"BA=";BA

410　PETURN

420　BC=(B*B-N*A)/(N*E-B*D)

430　PRINT "BC=";BC

440　END

450　IK=(N*A-B*B)/(N*E-B*D)

460　PRINT "IK=";IK

470　PERURN

　　　RUN

　　　35

　　　IK=2118.76（μA）

　　　BA=104.0875（mV）

　　　BC=-6314.016（mV）

注：190 和 200 的公式中，根据计算机型号决定是否被 2.303 除。

B：四点法处理实验结果，求 I_k

10　DATA　22,24,46,44,70,66,97,90,125,114,
　　　　　153,138,179,158

20　DATA　200,190,240,200,270,230,300,250,
　　　　　330,270,360,290,390,310

30　DATA　420,350,460,370,490,390,520,410,
　　　　　560,430,590,450,620,470

40　DATA　560,490,690,510,720,530,760,550,
　　　　　800,570,840,570,880,590

50　DATA　920,600,950,620,990,640,1030,660,

金属腐蚀与防护实验教程

```
                1070,680,1110,700,1160,720
60    DATA    1190,730,0,0,1270,770,0,0,1360,
              800,0,0,1450,840
70    DATA    0,0,1540,870,0,0,1640,910,0,0,
              1740,950,0,0
80    DATA    1840,990,0,0,1900,1100,0,0,2000,1100,
              0,0,2100,1200
90    DATA    0,0,2200,1200,0,0,2400,1300,0,0,
              2500,1300,0,0
100   DATA    2700,1400,0,0,2800,1400,0,0,3000,1500,
              0,0,3100,1500
110   DIM     A(70),B(70)
120   FOR     I=1 TO 70
130   READ A(I),B(I)
140   NEXT I
150   IK=0: N=0
160   FOR I-1 TO 35
170   T=ABS(SQR(A(2*I)/B(2*I))-A(I)/B(I))
180   IF T<1E-02 THEN 200
190   GOTO 230
200   D= ABS(A(2*I)/B(2*I)-4*A(I)/B(I))
210   IK=IK+A(I)*B(I)/SQR(D)
220   N=N+1
230   NEXT I
240   PRINT"N=";N: LPRINT"N=";N
250   PRINT"TOTAL IK=";IK: LPRINT"TOTAL IK=" IK
260   IK=IK/N
270   PRINT "AVERAGE IK=";IK
280   LPRINT "AVERAGE IK=";IK
290   END
```

RUN

N=9 TOTAL IK=13247.7（μA）

AVERAGE IK=1471.97（μA）

3. 另一次测量数据及运行结果

A：回归三点法求 I_k、b_a、b_c

10　DATA　17.1,4.2,49,61,60,70,70,78,109,94,
　　　　　132,130,170,137,184,150,194,163,210,
　　　　　170,230,180,260,200,280,210,300,220,
　　　　　320,230,340,240,360,250

12　DATA　390,270,410,290,430,280,460,290,480,300,
　　　　　510,310,530,320,560,330,580,340,590,350,
　　　　　640,360,670,370,700,380,730,380

15　DATA　750,390,790,400,820,410,850,420,880,420,
　　　　　0,0,950,440,0,0,1026,460,0,0,1090,470,
　　　　　0,0,1180,490,0,0,1250,510,0,0

17　DATA　1340,530,0,0,1420,550,0,0,1510,560,
　　　　　0,0,1620,580,0,0,1720,600,0,0,1820,620,
　　　　　0,0,2400,700,0,0,2500,720,0,0

30　DATA　2700,740,0,0,2900,800,0,0,3100,820,
　　　　　0,0,3200,830

40　DIM　X(70),Z(70),P(35),H(35),Y(35)

50　FOR　I=1 TO 70

60　READ X(I),Z(I)

70　NEXT I

80　FOR I-1 TO 35

85　T=X(2*I)*X(2*I)/X(I)-4*SQR(X(2*I)/Z(2*I))

87　IF T<0 THEN 120

90　Y(I)=SQR(T)

100　P(I)=LOG((X(2*I)/X(I)+Y(I))/2)/2.303

110　H(I)=LOG((X(2*I)/X(I)-Y(I))/2)/2.303

```
115  N=N+1
120  NEXT I
125  PRINT N
130  A=0; B=0; D=0; E=0
135  FOR I=1 TO 35
136  IF Y(I)=0 THEN 160
140  A=A+X(I)*X(I); B=B+X(I); D=D+Y(I); E=E+X(I)*Y(I)
160  NEXT I; GOSUB 360
170  A=0; B=0; D=0; E=0
180  FOR I=1 TO 35
185  IF Y(I)=0 THEN 200
190  A=A+I*I; B=B+I; D=D+P(I); E=E+I*P(I)
200  NEXT I; GOSUB 260
210  A=0; B=0; D=0; E=0
220  FOR I=1 TO 35
225  IF Y(I)=0 THEN 240
230  A=A+I*I; B=B+I; D=D+H(I); E=E+I*H(I)
240  NEXT I; GOTO 310
260  BA=(N*A-B*D)/(N*E-B*D)
270  PRINT "b_a ="; BA
280  RETURN
310  BC=(B*B-N*A)/(N*E-B*D)
320  PRINT "b_c ="; BC
340  END
360  IK=(N*A-B*B)/(N*E-B*D)
370  PRINT "i_k ="; IK
380  RETURN
     RUN
     15
     $I_k = 1163.987$
```

$b_a = 239.4528$

$b_c = -194.0566$

B:四点法求I_k(Ⅰ)

10	DATA	17,4,49,69,70,70,78,109,94,132
		130,170,137,184,150
12	DATA	194,163,210,170,230,180,260,200,280,210,
		300,220,320,230
14	DATA	340,240,360,250,390,270,410,290,430,280
		460,290,480,300,
16	DATA	510,310,530,320,560,330,580,340,590,350,
		640,360,670,370
18	DATA	700,380,730,380,750,390,790,400,820,410
		850,420,880,420,
20	DATA	0,0,950,440,0,0,1026,460,0,0,1090,470,
		0,0,1180,490,0,0
22	DATA	1250,510,0,0,1340,530,0,0,1420,550,0,0,1510,560,
		0,0
25	DATA	1620,580,0,0,1720,600,0,0,1820,620,
		0,0,2400,700,0,0
30	DATA	2500,720,0,0,2700,740,0,0,2900,800,0,0
35	DATA	3200,830
40	DIM	A(70),B(70)
50	FOR	I=1 TO 70
60	READ A(I),B(I)	
70	NEXT I	
80	IK=0:N=0	
90	FOR I=1 TO 35	
100	T=ABS(SQR(A(2*I)/B(2*I)-A(I)/B(I)))	
110	IF T≤1 THEN 125	
120	GOTO 150	

125 D=ABS(A(2*I)*B(I)-4*A(I)*B(I))

130 IK=IK+A(I)*B(I)/SQR(D)

140 N=N+1

150 NEXT I

160 PRINT "n="; N

170 PRINT "total i_k="; IK

180 IK=IK/N

190 PRINT "average i_K="; IK

200 END

OK

RUN

n=30

total i_k=11573.19

average i_k=385.773

C:四点法求 I_k(Ⅱ)

10   DATA   17,4,49,69,60,70,70,78,109,94,132
            130,170,137,184,150

12   DATA   194,163,210,170,230,180,260,200,280,210,
            300,220,320,230

14   DATA   340,240,360,250,390,270,410,290,430,280
            460,290,480,300

16   DATA   510,310,530,320,560,330,580,340,590,350,
            640,360,670,370

18   DATA   700,380,730,380,750,390,790,400,820,410
            850,420,880,420,

20   DATA   0,0,950,440,0,0,1026,460,0,0,1090,470,
            0,0,1180,490,0,0

22   DATA   1250,510,0,0,1340,530,0,0,1420,550,0,0,1510,560,
            0,0

```
25    DATA   1620,580,0,0,1720,600,0,0,1820,620,
             0,0,2400,700,0,0
30    DATA   2500,720,0,0,2700,740,0,0,2900,800,0,0
             3100,800,0,0
35    DATA   3200,800
40    DIM    A(70),B(70)
50    FOR    I=1 TO 70
60    READ A(I),B(I)
70    NEXT I
80    IK=0: N=0
90    FOR I=1 TO 35
100   T=ABS(SQR(A(2*I)/B(2*I)-A(I)/B(I)))
110   IF T≤1 THEN 125
120   GOTO 150
125   D=ABS(A(2*I)*B(I)-4*A(I)*B(I))
130   IK=IK+A(I)*B(I)/SQR(D)
140   N=N+1
150   NEXT I
160   PRINT "n=" ; N
170   PRINT "total i_k =" ; "i_k";IK
180   IK=IK/N
190   PRINT "average i_k =" ; IK
200   END
      OK
      RUN
      n=3
      total i_k=1063.248
      average i_k=354.4161
```

三、基本 BASIC 语句

1. 基本 BASIC 语句(部分)

READ	从数据区读取
DATA	在数据区存放数据
PRINT	打印数据或字符串
LET	计算并赋值
GOTO	转移
IF	条件转移
FOR	设置并执行循环
NEXT	循环出口
END	程序终止
INPUT	由键盘即时输入数据
GOSUB	转子程序
RETURN	由子程序返回主程序 GOSUB 下面的语句
DIM	说明数据的大小
STOP	使程序暂停

2. 基本函数(部分)

SQR	平方根
LOG	十为底对数
SIN	正弦
COS	余弦
ABS	取绝对值

3. 磁盘操作命令(部分)

CATALOG	D(0 或 1 或 2)看磁盘目录
LOAD	装载文件
LIST	列出程序
RUN	执行
IDI T DATA	DISK D(0 或 1 或 2)磁盘初始化
SAVE	录制文件

四、计算机操作说明

1. 将 DOS 盘装入驱动器中
2. 启动计算机开关(先开监视器后开主机)
3. 将数据盘放入驱动器中
4. 看磁盘目录　　CATALOG D X
5. 装载文件　　　LOAD　XXXX
6. 看程序　　　　LIST
7. 执行 RUN　　 记录数据

将你所做的实验数据输入计算机程序中并执行再看计算结果并记录结果。

五、分析报档

将计算结果写出实验报档,并分析结果的好坏,分析原因。可自己编写程序进行计算,分析和讨论。

本实验报告和上一个实验(强极化区腐蚀速度测量)的报告写在一起。

实验十七　用动电位扫描法测定金属的阳极极化曲线

一、实验目的

了解动电位扫描法测定阳极极化曲线的方法。

二、原理

在测量阳极极化曲线时,动电位扫描法是准稳态方法,利用线性扫描电压信号控制恒电位仪的给定自变量,使其按照预定的程序以规定的速度连续线性变化,记录相应的信号,自动绘制极化曲线,即电位-电流关系曲线。

三、仪器与用品

环氧树脂、铜丝、塑料管、砂纸、430不锈钢、试样、铂电极、甘汞电极、电解池、N_2、恒温水浴、恒电位仪、电位扫描仪、对数转换器、X-Y函数记录仪。

四、实验步骤

1. 样品制备

(1) 将10 mm^2 的试样四周用300#~600#砂纸打磨光滑。

(2) 将铜丝剪成适当长度,一端砸平,含在试样上,用酒精棉、丙酮棉擦洗净并套上塑料管。

(3) 向环氧树脂中加入7%(质量分数)的乙二胺,调匀后镶在试样上,24 h 凝固后可用。

2. 绘制标准极化曲线

(1) 将上述制备的样品工作面用300#~600#砂纸打磨光滑。

(2) 配制1 000 mL 0.5mol/L H_2SO_4 溶液。

(3) 将配制好的溶液倒入极化池中,通 N_2 除氧30 min,温度为30 ℃左右。

(4) 将工作电极、辅助电极、参比电极安装好放入电解池中,稳定20 min。

(5) 按照图17-1连接好线路,检查无误后,打开各仪器电源,将恒电位仪置"参比"。

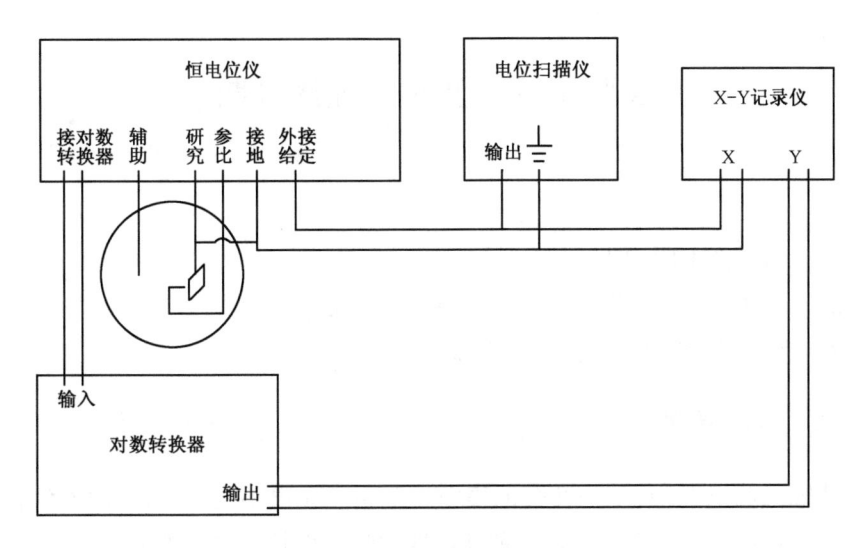

图 17-1　极化曲线自动测量连线图

测量试样的自然腐蚀电位 E_{corr}，有电位扫描仪将电位预置到 -0.5 V，以 10 mV/min 速度进行阳极极化，直到 1.6 V 为止。将所测得的曲线与标准曲线相对照。

五、思考题

影响测量阳极极化曲线的因素有哪些？

实验十八　测定孔蚀诱导期

一、实验目的

1. 了解孔蚀的形成机理。
2. 了解恒电流法测孔蚀诱导期的原理和方法。
3. 学习孔蚀的评定参数及其物理意义。

二、实验原理

孔蚀又叫点腐蚀,是一种腐蚀集中于金属表面很小范围内,并深入到金属内部的蚀孔状腐蚀形态。它是一种破坏性和隐患性较大的腐蚀形态之一,是化工生产及海洋事业中经常遇到的问题,产生点腐蚀的主要条件有三个:①点腐蚀多发生于表面生成钝化膜的金属材料上或表面有阴极性镀层的金属上;②点腐蚀发生于有特殊离子的介质中;③点腐蚀发生在某一临界电位以上,该电位称作点蚀电位。

点腐蚀存在一定诱导期,一般认为钝性金属在含有活性阴离子的溶液中,具备了一定的临界条件后还必须经过一段诱导期才真正产生孔蚀。迄今为止,国内外用以评价不锈钢孔蚀敏感性的办法主要是用动电位扫描测孔蚀电位,根据孔蚀电位 E_b 的高低来评价不同牌号不锈钢的孔蚀敏感性。最近几年,人们提出了可用孔蚀诱导期的长短来评价不锈钢的孔蚀敏感性。诱导期的测量可用恒电流 E-t 曲线法。

所谓恒电流 E-t 曲线,即恒电流条件下记录下来的电位-时间曲线。在恒电流法中,通过恒电位仪给研究电极输入一个预先选定的恒电流值(一般为 1~100 mA/cm^2),此时研究电极被正向极化到某一高电位,孔蚀在此电位下诱发,只要诱发过程不完成,电位始终维持不变,然而一旦钝化膜被击穿,腐蚀反应在裸露的金属基体上进行,反应 Me→Me^{n+}+ne 留在电极上的电子会迅速使阳极退极化,使电位下跌,如图 18-1 所示。平面区间为诱导期 τ。

影响孔蚀诱导期的因素较多,除了必须在一致的临界条件下实验,还必须注意材质的表面状态,因为它对诱导期的影响极大,恒电流法测孔蚀诱导期主要用于定性比较,作为一种筛选材料的辅助方法。

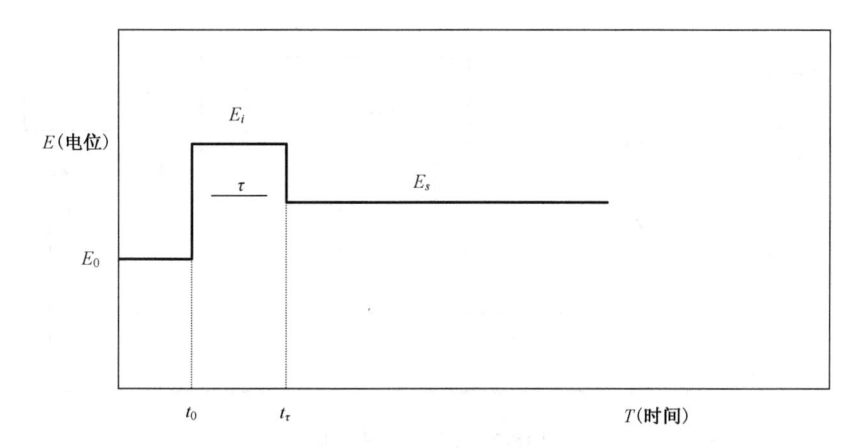

图 18-1 恒电流 E-t 曲线

E_0—开路电位;τ—诱导期(t_τ-t_0);E_i—通电后极化电位(即孔蚀诱发电位);
E_s—孔蚀稳定发展电位

三、实验仪器和用品

恒电位仪、恒温水浴锅、台式平衡记录仪、不锈钢试样、参比电极、铂金电极、电解池、温度计、NaCl、水砂纸、酒精棉、丙酮棉。

四、实验内容及步骤

1. 制备试样

参照实验一制备面积为 10×10 mm² 的不锈钢试样。

2. 绘制 E-t 曲线

(1) 将上述制备的样品的工作面用 200#~800# 砂纸打磨光滑,用酒精棉和丙酮棉擦干净。

(2) 配置 3.5% NaCl 溶液 500 mL 倒入电解池中,将电解池放入恒温水槽中控温 30 ℃。

(3) 按图接线(见图 18-2),检查无误后将恒电位仪的对应线接好,将恒电位仪的"外接测量"(应置参比)的引线与平衡记录仪的输入引线相连,K_5 开关置"引出"(见图 18-3)。

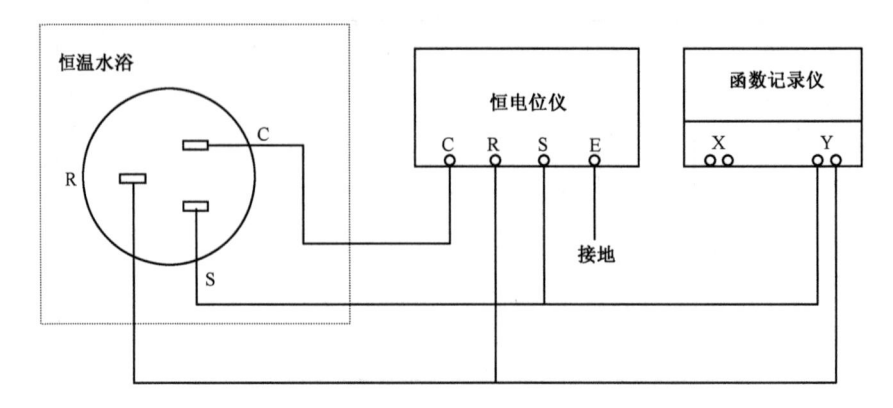

图 18-2　电流 E-t 法连接

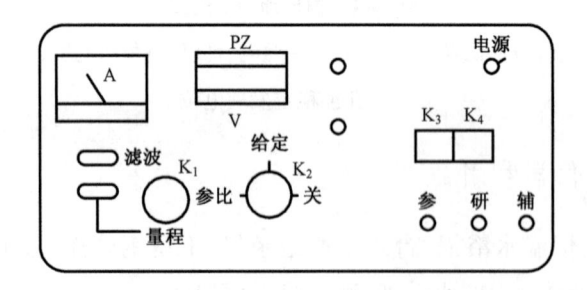

图 18-3　JH2C 型恒电位仪面板结构示意图

(4) 打开恒电位仪的开关，K_3 置"恒电流"，K_4 置"准备"，工作选择置"参比"稳定 15 min 测量电极的自然腐蚀电位 E_{corr}。

(5) 将恒电位仪的工作选择置"给定"调节电位值，使电位表上的值与电流量程的乘积为所需要给定的电流值，分别给定电流为 5 mA/cm^2，10 mA/cm^2。

(6) 开启自动平衡记录仪，记录走纸速度。

(7) 将恒电位仪的工作选择再置"参比"，K_4 置"工作"，记录 E-t 曲线。

(8) 每测一个电流点都要更新试样。

五、思考题

1. 孔蚀形成的条件是什么？为什么不锈钢易产生孔蚀？
2. 影响孔蚀发生的因素主要有哪些？实验中应如何控制？
3. 表征材料耐孔蚀性能的参数有哪些？

实验十九　电刷镀

一、实验目的

1. 了解电刷镀的基本原理、主要设备和工艺过程。
2. 掌握刷镀电源的使用方法。

二、实验原理

刷镀使用专门研制的系列刷镀液、各种形式的镀笔和阳极,以及专用的直流电源。工作时,工件接电源的负极,镀笔接电源的正极,靠包裹着浸满镀液的阳极在工件表面擦拭,溶液中的金属离子在零件表面与阳极接触的各点上发生放电结晶,镀层随时间增长逐渐加厚。由于工件与镀笔有一定的相对运动速度,因而对镀层上的各点来说,是一个断续结晶过程。

刷镀与槽镀一样,金属镀层的形成可分为以下几步:

(1) 溶液中带正电荷的金属离子或金属络离子向阴极扩散;
(2) 金属离子在阴极得到电子后,放电生成金属原子(即 $M^{n+} + ne \rightarrow M$);
(3) 金属离子金属化,即金属原子排列形成一定形式的金属晶格。

电镀过程中,金属离子受直流电作用,在阴极上放电形成电沉积,又称电结晶。结晶核心的形成和成长的速度决定了所得晶粒的大小,对镀层性能影响极大。如果晶核形成速度较快而成长速度较慢,则生成的晶核数多,晶粒较细,镀层性能较好;反之,晶粒粗大,则镀层性能不好。在电结晶刷镀过程中,阴极和阳极有相对运动,电流密度与金属离子浓度在工件表面各处均不断变化,有利于提高晶核形成的速度,可以达到细化晶粒,提高镀层性能的目的。

钢铁件刷镀前处理工艺流程:

碱洗除油→水冲洗→酸洗除锈→水冲洗→电净→水冲洗→活化→水冲洗→刷镀

三、实验仪器和用品

刷镀电源、特殊镍镀液、快速镍镀液、碱性铜、200 mL 烧杯、镀笔、脱脂棉、尼龙绳、布袋若干。

四、实验步骤

1. 镀前处理：用水砂纸打磨镀件表面，碱洗除油，酸洗除锈。
2. 按图 19-1 所示接好线路，接通电源前要检查线路连接正确与否，经指导教师检查无误后方可进行实验。
3. 先刷特殊镍打底，再刷快速镍或 Ni-W 等。
4. 刷镀结束后水冲洗，吹干。

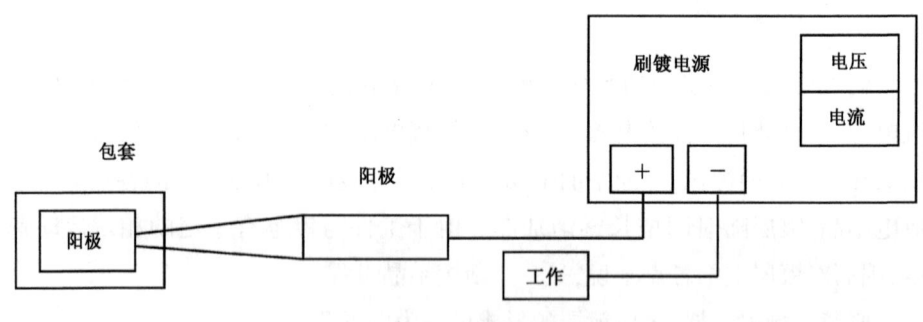

图 19-1 刷镀接线图

5. 操作基本条件

参数	0#电净液	2#活化液	特殊镍	快速镍	碱性铜
工作电压/V	8~15	6~14	10~18	8~14	8~14
电极相对运动速度/(m/min)	4~8	6~10	5~10	6~12	6~14
耗电系数/(A·h/dm^2·μm)			0.744	0.104	0.314
电极极性	正接	反接	正接	正接	正接

五、实验结果

1. 实验记录

试验材料：____，阴极____，阳极____，镀层____，镀件面积____。

2. 观察表面质量及结合强度并评定之。

六、思考题

1. 试比较电镀与电刷镀的异同点。
2. 为什么钢铁制品镀镍能起到防锈的作用？

实验二十 热喷涂

一、实验目的

1. 了解热喷涂的基本原理和工艺方法。
2. 掌握喷枪、氧气瓶、乙炔气瓶及有关仪器的使用方法。

二、实验原理

热喷涂就是用喷枪把喷镀材料加热雾化成细小的过热的熔融粒子并施加一定的速度喷向处理过的工件,经过接触、碰撞、变形流散、凝固实现粒子与基体表面物理结合、化学结合和相间扩散,形成完整的牢固的涂层的过程。喷涂粒子的温度、速度、粒度分布和化学物理性质,喷涂的工件气氛,以及工件表面的活化处理和物理化学特性,是影响喷涂粒子与基体表面相互作用效果和涂层质量的基本因素。

目前常用的热喷涂方法有氧-乙炔焰线材气喷涂、合金粉末氧-乙炔焰喷涂、合金粉末氧-乙炔焰喷焊、线材电弧喷涂、等离子喷涂、等离子喷焊、爆炸喷涂等几种。

本实验以氧-乙炔焰喷涂为主,其原理就是以氧-乙炔焰为热源,将需要的喷涂金属、合金或氧化铝粉末借助气流输送到火焰区,待加热到熔融状态后以一定的速度射向工件表面形成涂层。这种方法先在工件表面喷一层自发热型的复合粉末打底层,然后再喷涂工作层粉末。

三、实验用仪器及用品

SPH-2/h 型喷枪、SPH-C 型重喷枪、SPH-E 型喷枪、氧-乙炔供给装置及辅助装置、各种金属、合金粉末。

四、实验步骤

1. 根据喷焊工件的大小,选择适当号码的喷焊嘴,装上喷嘴接头,并扎紧。
2. 喷焊枪使用之前检查气源通路情况,把连接在减压器的氧气软管与喷枪的气接头连接并扎紧。打开氧气瓶阀,使氧气通入枪内,先打开喷枪上的乙炔阀,然后打开氧气阀。用手指按在乙炔接头上,如果感觉到有一股吸力或有一些回气,则表示喷枪正常。如感觉到乙炔接头上无吸力,甚至氧气从乙炔接头中大量倒流出来,则表示喷枪不正常,不能使用,必须修复后再使用。

3. 喷焊枪喷射情况经检查正常后,把连接在中压乙炔发生器上的乙炔软管与喷枪的乙炔接头连接并扎紧。

4. 喷枪点火时,应先把氧气阀稍稍打开,再开乙炔阀,然后点火。点火后应及时调节预热火焰。火焰应有鲜明的轮廓和清晰的焰芯,而且具有正常的火焰长度。如果火焰不能调节到正常状态或有打泡现象,则应检查是否漏气,气体管道是否堵塞等现象,如有这些情况应及时修复。

5. 上述2、3、4条检查正常,可拧开粉斗盖,把金属或合金粉末装进粉斗,调节火焰性质(碳化焰,或中性焰,或氧化焰),试开粉阀开关柄,将柄向下掀,检查粉末喷射情况是否正常,如果正常,就可以工作,如果不正常应及时修复。

6. 喷前必须将待喷件进行前处理,即除油、除锈、活化。

五、实验结果与讨论

实验记录:

试验材料_____,喷涂(或喷焊)层材料_____,

试件面积_____,涂层厚度_____。

六、思考题

1. 试述热喷涂的原理,目前热喷涂包括哪几种方法?
2. 喷涂和喷焊有何异同?

七、操作时的注意事项及故障排除

1. 2/h型喷枪属于中压喷枪,必须使用中压乙炔发生器,不能使用低压乙炔发生器。

2. 喷枪装上粉头后,在未点火之前不能掀粉阀开关,以免堵塞,影响使用。

3. 粉阀开关失灵,掀不动或粉不出来,其原因是由于使用太久,粉末漏到弹簧处,被粗粉粒卡住了,应拆下粉阀开关及螺丝,清理后再使用。

4. 点火后放炮或回火,其原因是配合密封面漏气,应检查喷焊嘴孔面与混合管接触是否良好,射吸器中的零件的端面密封是否良好,排除漏气,方能使用。

第3章 综合与设计实验

实验二十一 不锈钢腐蚀行为的电化学综合评价实验

一、实验目的

1. 掌握不锈钢的种类、特点和常见腐蚀类型。
2. 掌握不锈钢腐蚀速率的测量方法及介质对腐蚀速率的影响。
3. 理解和掌握不锈钢点蚀、晶间腐蚀的电化学测量和评价方法。
4. 掌握不锈钢腐蚀过程的等效电路模型及阻抗谱图的意义。

二、实验原理

1. 不锈钢概述

不锈钢是指在自然环境或一定介质中具有耐腐蚀性的一类钢种的统称。有时,把能够抵抗大气或弱性腐蚀介质腐蚀的钢称作不锈钢;而把能够抵抗强腐蚀介质腐蚀的钢称作耐酸钢。不锈钢由于其优异的耐蚀性、优越的成型性、赏心悦目的外观及很宽的强度范围等综合性能而被广泛地应用于工业生产部门及日常生活的各个领域。

不锈钢的种类很多,性能各异,常见的分类方法有:

(1) 按化学成分或特征元素,可分为铬不锈钢、铬镍不锈钢、铬锰氮不锈钢、铬镍钼不锈钢、超低碳不锈钢等。

(2) 按钢的性能特点和用途,可分为耐硝酸不锈钢、耐硫酸不锈钢、耐点蚀不锈钢、耐应力腐蚀不锈钢、高强度不锈钢等。

(3) 按钢的功能特点,可分为低温不锈钢、无磁不锈钢、易切削不锈钢、超塑性不锈钢等。

(4) 按钢的组织,可分为马氏体不锈钢、铁素体不锈钢、奥氏体不锈钢和双相不锈钢等。

2. 不锈钢的腐蚀行为

耐蚀性是不锈钢的最主要性能指标,因此在设计不锈钢时常通过促进钝化

(向钢中加入铬、铝、硅等)、提高电极电位(加入 13%以上的铬元素)和获得单相组织(单一铁素体、马氏体或奥氏体等)等措施改善不锈钢的耐蚀性。然而由于腐蚀介质的种类、浓度、温度、压力、流速等的不同,不锈钢也会因钝态的破坏而导致严重的腐蚀。

不锈钢的腐蚀,常可分为两大类,即均匀腐蚀和局部腐蚀;而局部腐蚀又可细分为点蚀、晶间腐蚀、缝隙腐蚀、应力腐蚀等。

(1) 均匀腐蚀

均匀腐蚀是一种常见的腐蚀形式,它导致材料均匀减薄。由于浸蚀均匀并可预测,因而这类腐蚀的危害较小。

对不锈钢,均匀腐蚀的实用耐蚀界限是 0.1 mm/a。当腐蚀速率小于 0.01 mm/a 时,是"完全耐蚀"的;腐蚀速率小于 0.1 mm/a 时,认为是"耐蚀"的;腐蚀速率为 0.1~1.0 mm/a 为"不耐蚀"的,但在某些场合可用;腐蚀速率大于 1.0 mm/a 属于严重腐蚀,不可用。

(2) 点蚀

点蚀,是不锈钢在使用中经常出现的腐蚀破坏形式之一。点蚀虽然使金属的重量损失很小,但若连续发生能导致腐蚀穿孔直至整个设备失效,从而造成巨大的经济损失和事故。

对不锈钢的点蚀,一般认为是由于腐蚀性阴离子(如 Cl^- 等)在氧化膜表面吸附后离子穿过钝化膜所致。腐蚀性阴离子与金属离子结合形成强酸盐而使钝化膜溶解,从而产生蚀孔。如果钢的再钝化能力不强,蚀孔将继续扩展形成点蚀源,形成小阳极(蚀孔内)大阴极(钝化表面),从而加速蚀孔向深处发展,直至将金属穿透。

影响点蚀的腐蚀性阴离子,除 Cl^- 外,还有 NO_3^-、SO_4^{2-}、OH^-、CrO_4^{2-} 等。此外,溶液的 pH、温度、浓度和介质流速等也会对不锈钢的点蚀有较大的影响。

从材料因素看,钢的组织不均匀性如晶界、夹杂物、显微偏析、空洞、刀痕、缝隙等都会成为点蚀的起源。加入 Cr、Mo、Ni、V、Si、N、Re 等可显著提高不锈钢的抗点蚀能力。

(3) 晶间腐蚀

晶间腐蚀是一种危害性很大的腐蚀破坏形式,常发生在经过 450~800 ℃温度区间加热的奥氏体不锈钢或受 450~800 ℃温度热循环的奥氏体不锈钢焊接接头热影响区中。究其原因,比较广泛接受的说法是晶界贫铬理论。奥氏体不锈钢在 450~800 ℃的敏化温度区间加热或时效过程中,沿晶界析出 $Cr_{23}C_6$,引起奥氏体晶界贫铬,使固溶体中铬含量降至钝化所需极限含量以下引起的。

对奥氏体不锈钢的晶间腐蚀,可通过固溶处理、降低钢的碳含量、加入钛或铌等稳定化元素、改变晶界碳化物析出数量和分布等方法加以改善。

(4) 其他腐蚀

除以上腐蚀形式外,应力腐蚀、腐蚀疲劳和腐蚀磨损等也是不锈钢经常发生的腐蚀破坏形式。

3. 不锈钢腐蚀行为的测量与评价

(1) 阳极极化曲线

不锈钢在腐蚀介质中的阳极极化曲线,是评价钝化金属腐蚀能力的常规方法。给被测定的不锈钢施加一个阳极方向的极化电位,并测量阳极极化电流随电位的变化曲线,如图 21-1 所示。

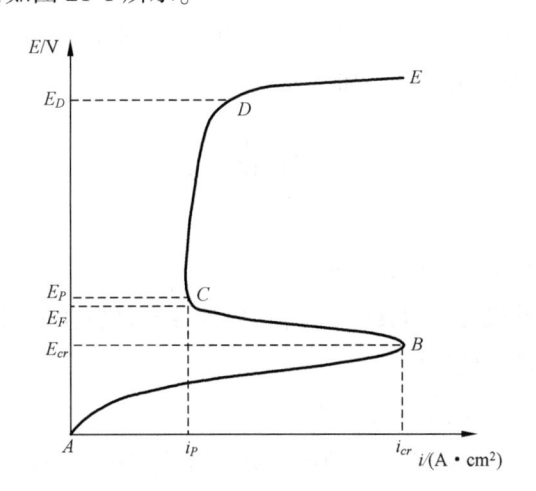

图 21-1 不锈钢的典型阳极极化曲线

整个曲线分为 4 个区,AB 段为活性溶解区,在此区域,不锈钢的阳极溶解电流随电位的正移而增大,一般服从半对数关系。随不锈钢的溶解,生成的腐蚀产物在不锈钢表面上形成保护膜。BC 段为过渡区,电位和电流出现负斜率的关系,即随保护膜的形成不锈钢的阳极溶解电流积急剧下降。CD 段为钝化区,在此区间不锈钢处于稳定的钝化状态,电流随电位的变化很小。DE 段为过钝化区,此时不锈钢的阳极溶解重新随电位的正移而增大,不锈钢在介质中形成更高价的可溶性氧化物或有氧气析出。

钝化曲线中的 E_{cr} 为致钝电位，E_{cr} 越负，不锈钢越容易进入钝化区。E_F 称为 Flade 电位，是不锈钢由钝态转入活化态的电位，E_F 越负表明越不容易由钝态转入活化态。E_D 称为点蚀电位(也可表示为 E_b)，E_D 越正表明不锈钢的钝化膜越不容易破裂。$E_p \sim E_D$ 称为钝化区间，钝化区间越宽表明不锈钢的钝化能力越强。i_{cr} 称为致钝电流密度；i_p 称为维钝电流密度。

由上可以看出，钝化曲线上的几个特征电位和电流为评价不锈钢在腐蚀介质中的耐蚀行为提供了重要的实验参数。

(2) 线性极化方法

不锈钢在腐蚀介质中的腐蚀速率，是评价不锈钢耐蚀能力的主要参数。常规的重量法，测试时间冗长，步骤复杂。线性极化法以其灵敏、快速、方便的特点，已成为测量不锈钢腐蚀速率的常用方法。线性极化法的原理是依据在电极的自腐蚀电位附近(± 10 mV)施加微小的极化电位，并测定极化电流随电位的变化曲线。根据 Stern-Geary 的理论推导，对活化控制的腐蚀体系，极化阻力($R_p = \Delta E / \Delta i$)与自腐蚀电流间存在如下关系：

$$R_p = \frac{\Delta E}{\Delta i} = \frac{b_a \cdot b_c}{2.303(b_a + b_c)} \cdot \frac{1}{i_{corr}} \tag{21-1}$$

式中：ΔE——极化电位，mV；

Δi——极化电流密度，A/cm^2；

R_p——线性极化电阻，$\Omega \cdot$cm^2，其物理意义是极化曲线上腐蚀电位附近线性区的斜率；

i_{corr}——自腐蚀电流密度，A/cm^2；

b_a 和 b_c——常用对数下的阳极、阴极塔菲尔系数，对一定的腐蚀体系可认为是常数。

如令 $B = \dfrac{b_a \cdot b_c}{2.303(b_a + b_c)}$，上式可简化为：

$$i_{corr} = B/R_p \tag{21-2}$$

显然，通过测量不锈钢在腐蚀介质中的极化阻力 R_p，可以分析介质对不锈钢腐蚀速率的影响。

(3) 电化学阻抗谱方法

若把不锈钢在 0.25 mol/L H_2SO_4 溶液中的腐蚀过程,视为一个简单的电极过程 $O_x + ne = R_{ed}$。由理论分析,其电极过程的等效电路如图 21-2 所示。其中 R_s、C_d 分别为溶液电阻和双电层电容;R_{ct} 为电化学反应电阻;$R_{\omega R}$ 和 $C_{\omega R}$ 是物质 R 浓差极化的电阻和电容;$R_{\omega O}$ 和 $C_{\omega O}$ 是物质 O 浓差极化的电阻和电容。

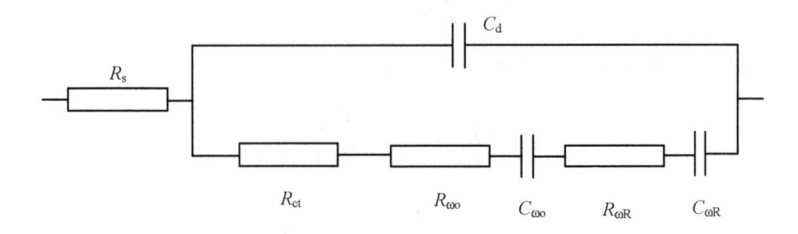

图 21-2 电极过程的等效电路模型

在平衡电位附近施加一个小幅度、频率为 ω 的正弦电压时,法拉第阻抗支路中各元件的阻抗与电化学参数间的关系为:

$$R_{ct} = \frac{RT}{nF} \cdot \frac{1}{i^0} \tag{21-3}$$

$$R_{\omega O} = \frac{1}{\omega C_{\omega O}} = \frac{RT}{n^2 F^2 \sqrt{2\omega D_O} C_O^0} \tag{21-4}$$

$$R_{\omega R} = \frac{1}{\omega C_{\omega R}} = \frac{RT}{n^2 F^2 \sqrt{2\omega D_R} C_R^0} \tag{21-5}$$

用复数表示物质 O、R 的浓差极化阻抗 Z_ω 可写成:

$$Z_\omega = Z_{\omega O} + Z_{\omega R} = R_{\omega O} + R_{\omega R} - j\left(\frac{1}{\omega C_{\omega O}} + \frac{1}{\omega C_{\omega R}}\right)$$

$$= \frac{RT}{n^2 F^2 \sqrt{2}} \left(\frac{1}{C_O^0 \sqrt{D_O}} + \frac{1}{C_R^0 \sqrt{D_R}}\right) \frac{1-j}{\sqrt{\omega}}$$

如令 $S = \dfrac{RT}{n^2 F^2 \sqrt{2}} \left(\dfrac{1}{C_O^0 \sqrt{D_O}} + \dfrac{1}{C_R^0 \sqrt{D_R}}\right)$,则有:

$$Z_\omega = S\omega^{-1/2} - jS\omega^{-1/2} = S\left(\frac{1-j}{\sqrt{\omega}}\right) \tag{21-6}$$

因而等效电路的总阻抗为:

$$Z = R_s + \cfrac{1}{j\omega C_d + \cfrac{1}{R_{ct} + S\omega^{-1/2} - jS\omega^{-1/2}}} \tag{21-7}$$

在高频区存在 $R_r \geqslant Z_\omega$，Z_ω 可忽略，则等效电路的阻抗简化为：

$$Z = R_s + \cfrac{1}{j\omega C_d + \cfrac{1}{R_{ct}}} = R_s + \cfrac{R_{ct}}{j\omega C_d R_{ct} + 1} \tag{21-8}$$

其中阻抗的实部 Z_{re} 和虚部 Z_{im} 分别为：

$$Z_{re} = R_s + \frac{R_{ct}}{(\omega C_d R_{ct})^2 + 1}$$

$$Z_{im} = \frac{\omega C_d R_{ct}}{(\omega C_d R_{ct})^2 + 1} R_{ct}$$

经计算可得：

$$\left(Z_{re} - R_s - \frac{1}{2} R_{ct}\right)^2 + Z_{im}^2 = \left(\frac{1}{2} R_{ct}\right)^2 \tag{21-9}$$

由式(21-9)可知，在高频区等效电路的复数平面图是一个圆心在 $[(R_s + 1/2R_{ct}), 0]$、半径为 $1/2R_{ct}$ 的半圆，如图 21-3 所示。

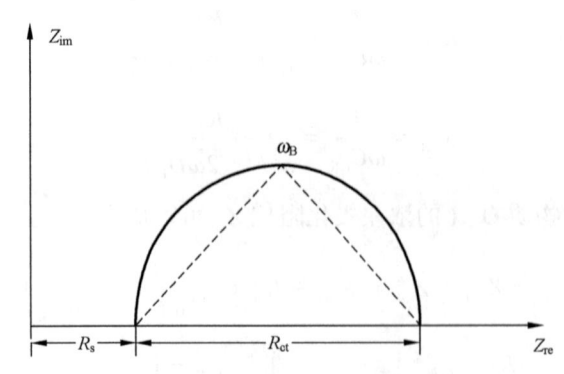

图 21-3 电极腐蚀过程的阻抗复数平面（**Nyquist** 图）

在 $\omega \to \infty$ 处 $Z_{re} = R_s$，在 $\omega \to 0$ 处 $Z_{re} = R_s + R_{ct}$，在半圆顶点 $C_d = 1/\omega_B R_{ct}$（ω_B 为半圆顶点处的频率）。从复数平面图（Nyquist 图）可方便地求出简单电极反应等效电路的溶液电阻 R_s、电极反应电阻 R_{ct} 和双电层电容 C_d 等参数。

另外，以 $\lg(|Z|)$ 对 $\lg\omega$ 作图，可得阻抗——频率图（Bode 图），如图 21-4。当 $\lg\omega \to \infty$ 时，$\lg(|Z|) \to \lg R_s$；当 $\lg\omega \to 0$ 时，$\lg(|Z|) \to \lg(R_s + R_{ct})$。进而可分

析腐蚀过程中各因素对溶液电阻 R_s、电极反应电阻 R_{ct} 等的影响规律。

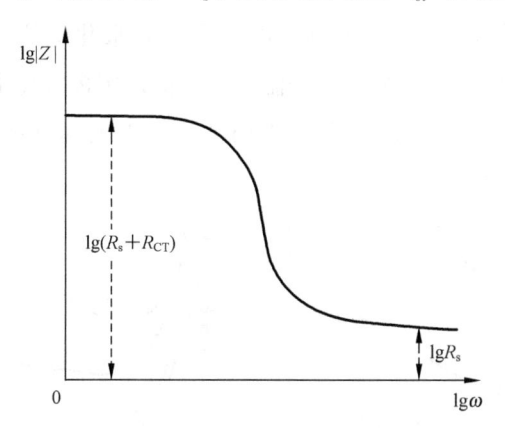

图 21-4　电极腐蚀过程的阻抗-频率图（Bode 图）

（4）点蚀的电化学实验方法

对不锈钢的点蚀，除利用 6%$FeCl_3$ 进行化学浸泡，进而通过显微镜观察点蚀密度、大小和深度（实验九）外，最主要的检测和评定方法就是电化学方法。测量与评价点蚀的电化学实验方法，又可分为控制电位法（包括阳极极化曲线法和恒电位法）和控制电流法（阳极极化法和恒电流法）两类。

控制电位的阳极极化曲线法，已在实验四中加以阐述。控制电位中的恒电位法如下：(a)点蚀电位 E_b（或 E_D），在点蚀电位 E_b 附近选择不同的电位值，测定恒定电位下的电流-时间曲线，如图 21-5(a)。当 $E<E_b$ 时，电流密度随时间而下降，不锈钢表面为钝态；当 $E>E_b$ 时，不锈钢产生点蚀，电流密度随时间而上升。将电流密度不随时间变化或略有下降的最高电位定义为 E_b。(b)保护电位 E_{pr}，测试前先在高于 E_{pr} 电流的电位下对试样进行活化处理，然后在各规定的恒定电位下测量电流密度随时间的变化，如图 21-5(b)；需要注意的是当更换电位时须使用一个新的试样。$E>E_{pr}$ 时，已存在的蚀孔继续扩展生长，电流密度随时间而持续上升。当 $E<E_{pr}$ 时，已有的蚀孔将发生钝化，电流密度随时间而下降。

在控制电流法中，也可通过阳极极化曲线法和恒定电流法确定点蚀电位 E_b 和保护电位 E_{pr}，测试原理详见参考文献[1]。

此外，对不锈钢的点蚀还可通过测定临界点蚀温度来评价。其测试方法是在 0 ℃配制 1 mol/L 的 NaCl 溶液，并以不锈钢试样（工作电极）、饱和甘汞电极

(参比电极)和铂片(辅助电极)组成三电极体系。将三电极体系与电化学工作站相连接,并对不锈钢试样施加 700 mV_{SCE} 的阳极极化电位。之后将溶液放入恒温水浴中,并以 1 ℃/min 的速度升温。进而测定阳极极化电流密度随时间的变化曲线,以阳极极化电流密度超过 100 $\mu A/cm^2$ 时的温度称为临界点蚀温度。

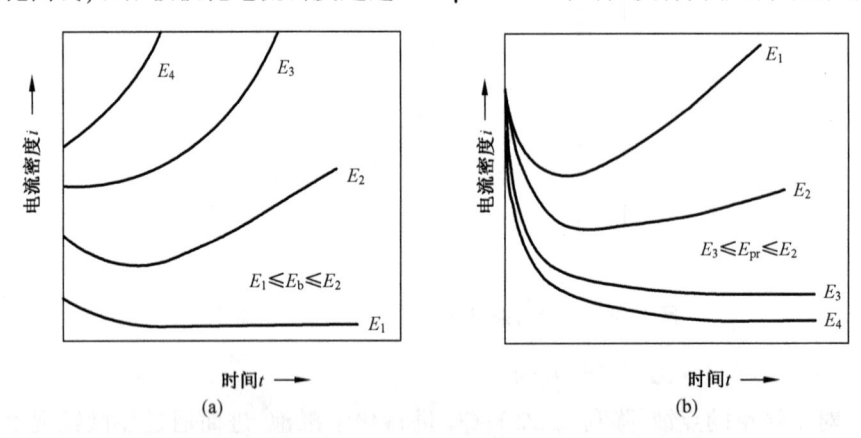

图 21-5 恒定电位法测定(a)点蚀电位 E_b 和(b)保护电位 E_{pr}

(5) 晶间腐蚀的电化学实验方法

不锈钢晶间腐蚀的电化学实验,最主要的就是电化学动电位再活化方法(EPR 法)。EPR 法,又可细分为单环 EPR 和双环 EPR 实验两种。

单环 EPR 实验:以仔细抛光的 304 不锈钢为工作电极、饱和甘汞电极为参比电极、石墨棒为辅助电极,试验溶液为 0.5 mol/L H_2SO_4+0.01 mol/L KSCN(也有文献采用 HCl、NH_4SCN、硫代乙酰胺或硫脲作为活化剂),实验温度为 30 ℃。首先经恒电位仪或电化学工作站对不锈钢试样进行从腐蚀电位(大约-400 mV_{SCE})到钝化电位(+200 mV_{SCE})的阳极极化。然后逆向再活化至腐蚀电位,扫描速率选择为 6 V/h 或 1.67 mV/s;如扫描过程中通过的总电荷为 Q(图 21-6(a)中阴影部分的面积,单位为库仑),则以单位晶界面积的电量 $P_a = Q/GBA$ 表示晶间腐蚀的程度。式中 $GBA = A_s[5.09544 \times 10^{-3} \cdot \exp(0.34696X)]$,$A_s$ 为试样面积,X 为 ASTM 确定的晶粒尺寸。

实验表明,当 P_a = 0.01~5 C/cm^2 时,与草酸电解实验中的"台阶"结构相对应;当 P_a = 5~20 C/cm^2 时,与草酸电解实验中的"混合(台阶+沟槽)"结构相对应;当 P_a >20 C/cm^2 时,与草酸电解实验中的"沟槽"结构相对应。

双环 EPR 实验:实验溶液、电极组成和极化方式与单环 EPR 实验相同,只

第 3 章 综合与设计实验

不过以 6 V/h 或 1.67 mV/s 的扫描速度从腐蚀电位(大约 -400 mV$_{SCE}$)极化到钝化电位($+300$ mV$_{SCE}$);然后再以相同的速度反向扫描至腐蚀电位,如图 21-6(b)。以再活化环和阳极化环的最大电流 i_r 和 i_a 之比,作为不锈钢敏化程度的指标。

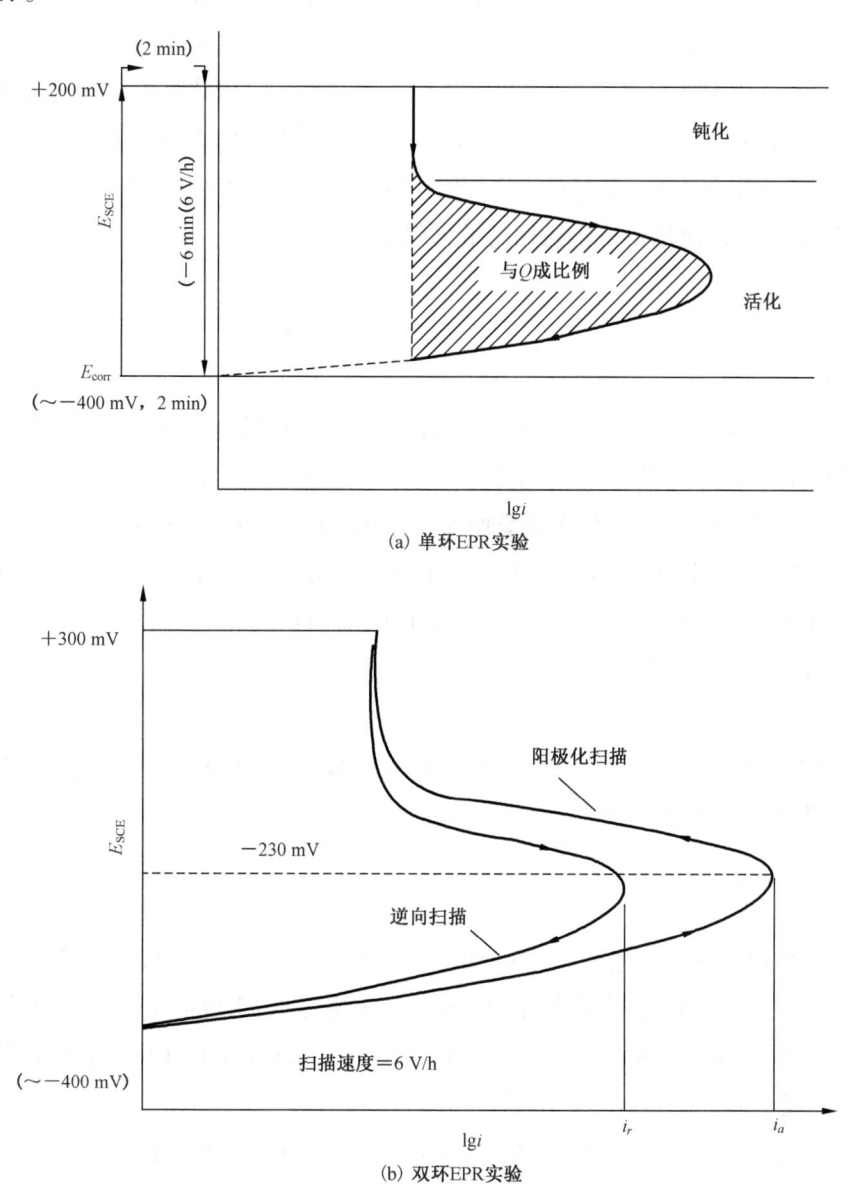

(a) 单环EPR实验

(b) 双环EPR实验

图 21-6　电化学动电位再活化实验方法示意图

实验表明,当 i_r/i_a 处于 0.000 1~0.001 时,对应草酸电解实验中的"台阶"结构;当 i_r/i_a 处于 0.001~0.05 时,对应草酸电解实验中的"混合(台阶+沟槽)"结构;当 i_r/i_a 处于 0.05~0.3 时,对应草酸电解实验中的"沟槽"结构。

此外,利用电化学恒电位再活化法(ERT)也可评价不锈钢的晶间腐蚀敏感性。该方法的试验溶液和电极组成均与 EPR 试验相同,但极化方式分为三步。第一步是在恒定活化电位+70 mV_{SHE} 下阳极极化 5 min,极化结束时的极化电流密度为 i_A;第二步为恒定钝化电位+500 mV_{SHE} 下阳极极化 5 min;第三步是在再返回到活化电位+70 mV_{SHE} 下阳极极化 100 s,极化结束时的极化电流密度为 i_R;并以 i_R/i_A 的比值反映不锈钢的敏化程度。

三、实验材料和仪器

1. 实验材料

实验材料选用 430 铁素体不锈钢、304 奥氏体不锈钢(1 300 ℃ 固溶处理及 650 ℃、14 h 的敏化处理)。实验前,利用环氧树脂封装试样、并留出 1 cm^2 的测试面积;接着经金相砂纸依次研磨抛光、乙醇除油、蒸馏水清洗、烘干处理。

实验用测试溶液分别为 0.25 mol/L H_2SO_4、0.25 mol/L H_2SO_4+0.5 mol/L NaCl、3.5%NaCl、1 mol/LNaCl 、0.5 mol/L H_2SO_4+0.01 mol/L KSCN,实验温度为 25 ℃。

2. 实验仪器

CHI660C 电化学工作站 1 台,饱和甘汞电极、铂片电极(石墨棒电极)各 1 支,恒温加热水浴槽 1 台。

四、实验步骤

1. 将电解池的三电极与 CHI660C 电化学工作站的相应导线相连接。

2. 打开 CHI660C 的菜单,在 Technique 中选择 Tafel Plot 方法,并设置测试参数;之后分别测试 304 不锈钢和 430 不锈钢在 0.25 mol/L H_2SO_4 溶液的阳极极化曲线。测量结束后命名存储。

3. 打开 CHI660C 的菜单,在 Technique 中选择 Linear Sweep Voltammetry 方法,并设置测试参数;之后测试 304 不锈钢和 430 不锈钢分别在 0.25 mol/L H_2SO_4 和 0.25 mol/L H_2SO_4+ 0.5 mol/L NaCl 溶液的极化电阻。

4. 打开 CHI660C 的菜单,在 Technique 中选择 A. C. Impedance 方法,并设置测试参数;之后分别测试 304 不锈钢和 430 不锈钢在 0.25 mol/L H_2SO_4 溶液中、不同电位(腐蚀电位 E_{corr}、E_{corr}+100 mV、E_{corr}+500 mV)下的电化学阻抗谱。

5. 打开 CHI660C 的菜单,在 Technique 中选择 Tafel Plot 方法,并设置测试参数;之后分别测试 304 不锈钢和 430 不锈钢在 3.5% NaCl 溶液的阳极极化曲线。

6. 打开 CHI660C 的菜单,在 Technique 中选择 Amperometric i-t Curve 方法,并设置不同的初始电位等参数;之后测试 304 不锈钢和 430 不锈钢在 3.5% NaCl 溶液的电流-时间曲线。

7. 将三电极系统安装在盛装 1 mol/L NaCl 溶液的电解池中,并将电解池放入恒温加热水浴槽中按 1 ℃/min 的速度升温。打开 CHI660C 的菜单,在 Technique 中选择 Amperometric i-t Curve 方法,并设置初始电位为 700 mV;之后测试 304 不锈钢和 430 不锈钢在 1 mol/L NaCl 溶液的临界点蚀温度。

8. 打开 CHI660C 的菜单,在 Technique 中选择 Cyclic Voltammetry 方法,并设置测试参数;之后测试固溶和敏化处理 304 不锈钢在 0.5 mol/L H_2SO_4 + 0.01 mol/L KSCN 溶液中阳极化扫描和逆向扫描时的最大电流 i_a 和 i_r。

五、实验结果处理

1. 从阳极极化曲线中确定 304 不锈钢和 430 不锈钢在 0.25 mol/L H_2SO_4 溶液中的点蚀电位、钝化电位区间、致钝电流密度和维钝电流密度等参数。

2. 按公式(21-1)和(21-2)计算 304 不锈钢和 430 不锈钢分别在 0.25 mol/L H_2SO_4 和 0.25 mol/L H_2SO_4 + 0.5 mol/L NaCl 溶液的极化电阻和腐蚀电流密度。

3. 按电化学阻抗谱图确定不同电位下 304 不锈钢、430 不锈钢在 0.25 mol/L H_2SO_4 溶液中的溶液电阻 R_s、电化学反应电阻 R_{ct} 和双电层电容 C_d 等参数。

4. 由 304 不锈钢和 430 不锈钢在 3.5% NaCl 溶液的阳极极化曲线及不同电位下的电流-时间曲线确定 304 不锈钢和 430 不锈钢在 3.5% NaCl 溶液的点蚀电位。

5. 由不同电位下的电流-时间曲线确定 304 不锈钢和 430 不锈钢在 1 mol/

L NaCl 溶液的临界点蚀温度。

6. 计算固溶及敏化处理 304 不锈钢的 i_r/i_a，并用金相显微镜观察实验后试样的表面形貌。

六、思考题

1. 从不锈钢的阳极极化曲线入手，分析可用哪些参数评价不锈钢的耐腐蚀能力。

2. 在 0.25 mol/L H_2SO_4 溶液中，304 不锈钢和 430 不锈钢的耐蚀性能哪个更好？为什么？

3. 在实际测量系统中，绘制 Nyquist 图时为什么往往得不到理想的半圆？绘制 Bode 图时为什么往往得不到低频区的平台段？

4. 试讨论点蚀电位 E_b 和保护电位 E_{pr} 的物理意义。

5. 测试临界点蚀温度时，为什么要规定实验溶液的升温速度？升温速度对测试结果有什么影响？

6. 综合分析草酸电解、单环 EPR、双环 EPR、ERT 等晶间腐蚀电化学评价方法的优缺点。

实验二十二　应力作用下金属腐蚀过程的综合研究实验

一、实验目的

1. 了解应力作用下金属腐蚀的概念、类型和分类方法。
2. 了解和掌握电化学噪声和动态电化学阻抗谱的研究方法。
3. 初步探明应力腐蚀和腐蚀磨损过程中材料的腐蚀行为特征。

二、实验原理

1. 应力作用下的金属腐蚀

在工程实际中,材料或工程设备不仅会受到化学介质的腐蚀作用,而且还常遭受应力与环境介质的协同作用,如船舶的推进器、海洋平台的构架、压缩机和燃气轮机叶片、化工的泵轴、油田开采设备等。由于环境介质与应力间存在着协同作用,即力学化学效应(Mechanochemical Effect)和化学力学效应(Chemomechanical Effect),因而化学介质与应力间能相互促进加速材料的损伤和破坏,使得比它们单独作用或者二者简单叠加造成的破坏更为严重。于是把材料在应力和环境条件(化学介质、辐照等)共同作用下引起材料力学性能下降、发生过早脆性断裂现象称为材料的环境诱发断裂或环境敏感断裂(Environmentally Induced Cracking,EIC 或 Environmentally Assisted Cracking,EAC)。

由于工程结构的受力状态是多种多样的,如拉伸应力、交变应力、摩擦力、振动力等,于是不同状态的应力与介质的协同作用所造成的环境敏感断裂形式也不相同。根据构件受力的状态,应力作用下材料的腐蚀常可分为拉伸应力下的应力腐蚀开裂(Stress Corrosion Cracking,SCC)、交变应力下的腐蚀疲劳断裂(Corrosion Fatigue Cracking,CFC)、剪切应力下的腐蚀磨损(Corrosive Wear,CW)和微动腐蚀(Fretting Corrosion)等。从破坏机理看,可分为裂纹尖端阳极溶解引起的应力腐蚀断裂、阴极析氢引起的氢脆或氢致断裂(Hydrogen Embrittlement,HE 或 Hydrogen Induced Cracking,HIC)等。

(1) 应力腐蚀破裂

材料或零件在拉应力和腐蚀环境的共同作用下引起的脆性断裂现象,称为应力腐蚀破裂。这里需强调的是应力和腐蚀的共同作用,并不是应力和腐蚀介质两个因素分别对材料性能损伤的简单叠加。

经过研究发现,应力腐蚀破裂有以下的特点:(a) 造成应力腐蚀破坏的是静应力,远低于材料的屈服强度,而且一般是拉伸应力。拉伸应力越大,断裂所需的时间越短。(b) 应力腐蚀造成的破坏是脆性断裂,没有明显的塑性变形。(c) 对每一种金属或合金,只有在特定的介质中才会发生应力腐蚀,如 α 黄铜在氨或铵离子的溶液;奥氏体不锈钢在氯化物溶液等。(d) 应力腐蚀的裂纹扩展速率一般在 $10^{-9} \sim 10^{-6}$ m/s,是渐进缓慢的。它远大于没有应力作用时的腐蚀速度,但远小于单纯力学因素引起的断裂速度。(e) 应力腐蚀的裂纹多起源于表面蚀坑处,而裂纹的传播途径常垂直于拉力的方向。(f) 应力腐蚀破坏的断口,其颜色灰暗,表面常有腐蚀产物;而疲劳断口的表面,如果是新鲜断口常常较光滑,有光泽。(g) 应力腐蚀的主裂纹扩展时,常有分枝。(i) 应力腐蚀引起的断裂可以是穿晶断裂,也可以是沿晶断裂,甚至是兼有这两种形式的混合断裂。

对应力腐蚀破裂的研究,从试样形式看可以是光滑试样(弯梁、C 形环、O 形环、拉伸试样、音叉试样、U 形弯曲试样等)、缺口试样和预制裂纹试样等。加载方式可以是恒载荷、恒位移或慢应变速率拉伸等。评价方法和指标有应力-寿命曲线、临界应力 σ_{SCC}、临界应力场强度因子 K_{ISCC}、裂纹扩展速率 da/dt 等。从机理看,主要有阳极溶解型应力腐蚀(滑移溶解机理、择优溶解机理、介质导致解理机理和腐蚀促进局部塑性变形导机理)和氢致开裂型应力腐蚀等两种。

(2) 氢脆

在氢和应力的共同作用导致材料产生脆性断裂的现象,称为氢致断裂或氢脆。如当高强度钢或钛合金受到低于屈服强度的静载荷作用时,材料中原来存在的或从环境介质中吸收的原子氢将向拉应力高的部位扩散形成氢的富集区。经过一段孕育期后,当氢的富集达到临界值时,会在金属内部,特别是在三向拉应力区形成裂纹,裂纹逐步扩展,最后突然发生脆性断裂。由于氢的扩散需要一定的时间,加载后要经过一定时间才断裂,所以称为氢致滞后断裂。

研究氢脆的试验方法与评价指标,与应力腐蚀基本相同。

(3) 腐蚀疲劳断裂

材料或零件在交变应力和腐蚀介质的共同作用下造成的失效,称作腐蚀疲劳断裂。

腐蚀疲劳与应力腐蚀相比,主要具有以下的特点:(a) 应力腐蚀是在特定的材料与介质组合下才发生的,而腐蚀疲劳却没有这个限制,它在任何介质中均会出现。只要环境介质对材料有腐蚀作用,在交变载荷下就可产生腐蚀疲劳,即腐蚀疲劳更具有普遍性。(b) 在应力腐蚀中,材料存在临界应力强度因子 K_{ISCC}。当外加应力强度因子 $K_I<K_{ISCC}$ 时,材料不会发生应力腐蚀裂纹扩展。但对腐蚀疲劳,即使 $K_{max}<K_{ISCC}$,疲劳裂纹仍会扩展。(c) 应力腐蚀破坏时,只有一两个主裂纹,且主裂纹上有分支裂纹;而在腐蚀疲劳断口上,有多处裂纹源,裂纹很少或没有分叉情况。(d) 在一定的介质中,应力腐蚀裂纹尖端的溶液酸度是较高的,总是高于整体环境的平均值。而在腐蚀疲劳的交变应力作用下,裂纹能不断地张开与闭合,促使介质的流动,所以裂纹尖端溶液的酸度与周围环境的平均值差别不大。

对腐蚀疲劳的研究,从机理看有阳极滑移溶解机制、孔蚀形成裂纹机理、表面膜破裂机制、化学吸附机制等。从裂纹扩展速率看,常可通过线性叠加模型 $(da/dN)_{CF} = (da/dN)_F + (da/dN)_{SCC}$ 进行描述,其中 $(da/dN)_{CF}$ 为腐蚀疲劳裂纹的扩展速率;$(da/dN)_F$ 为纯机械疲劳裂纹的扩展速率;$(da/dN)_{SCC}$ 为一次应力循环下应力腐蚀裂纹的扩展量。

(4) 腐蚀磨损

腐蚀磨损又称磨蚀或磨耗腐蚀,是指在腐蚀性介质中摩擦表面与介质发生化学或电化学反应而加速材料流失的现象。

实验结果表明,腐蚀磨损造成的材料流失量不仅是单纯腐蚀与干磨损的失重之和,而是远远大于它们之和,即腐蚀与磨损之间还存在交互(协同)作用。通常将腐蚀磨损造成的材料流失量表示为:

$$W_{Total} = W_{Corr} + W_{Wear} + \Delta W; \quad \Delta W = \Delta W_{Corr} + \Delta W_{Wear} \tag{22-1}$$

式中:W_{Total}——腐蚀磨损造成材料的总流失量;

W_{Corr}——单纯的腐蚀失重;

W_{Wear}——单纯的磨损失重;

ΔW——腐蚀与磨损间的交互作用量;

ΔW_{Corr}——磨损对腐蚀的加速量;

ΔW_{Wear}——腐蚀对磨损的加速量。

由上可以看出,材料的应力腐蚀、氢脆和腐蚀疲劳与腐蚀磨损同为力学及化学介质协同作用造成的过早失效,因而它们的破坏现象和机制必然存在许多相似之处;但与此同时,由于作用力形式的不同,也必然有各自的失效过程特点和破坏规律。

2. 动态研究方法

由于应力作用下的金属腐蚀涉及力学、材料、介质等因素,因此对其过程的研究也需要从力学、材料和环境介质等方面来进行分析。

(1) 力学研究方法

在力学方面,对应力腐蚀破裂、氢脆和腐蚀疲劳破坏,常需要分析材料的断裂寿命、裂纹萌生时间、裂纹扩展速率、强度或塑性损失等指标在腐蚀中的变化行为;对腐蚀磨损破坏,常需要分析摩擦系数、磨损量等在腐蚀过程的变化规律。于是,可通过分析腐蚀过程中应力-应变(或载荷-位移)、摩擦系数-时间曲线等监测或判断材料的损伤行为。

(2) 物理研究方法

形貌观察与监测是最基本的腐蚀检测方法,该方法通过肉眼、低倍放大镜或长焦距显微镜等检测、观测材料或设备的表面腐蚀情况,从而可对材料的腐蚀程度、腐蚀形态、裂纹扩展情况等进行分析。另外,还可利用 X 射线断层扫描技术和扫描电镜等方法研究材料次表层或断口形貌的微观特征。

声发射技术,是通过监听和记录材料在受力或断裂过程中因能量快速释放而产生的弹性波来检测材料中腐蚀损伤和缺陷发生和发展的无损检测技术。材料腐蚀过程中发生的应力腐蚀破裂、点蚀、气泡、裂纹扩展、磨损腐蚀等都会伴随着声发射现象的发生,因此可通过对声发射事件计数、振铃计数、上升时间、持续时间、能量计数、频谱特征等声发射参数的分析获取应力作用下金属腐蚀过程的特征信息,见图 22-1。

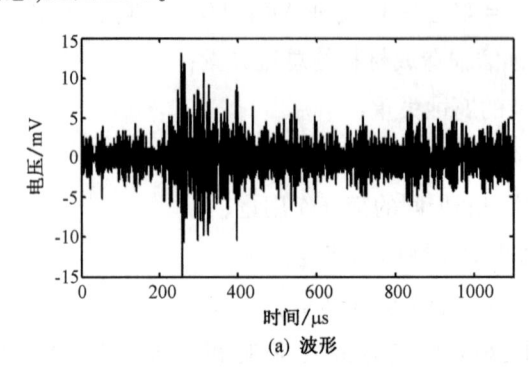

(a) 波形

(b) 频谱

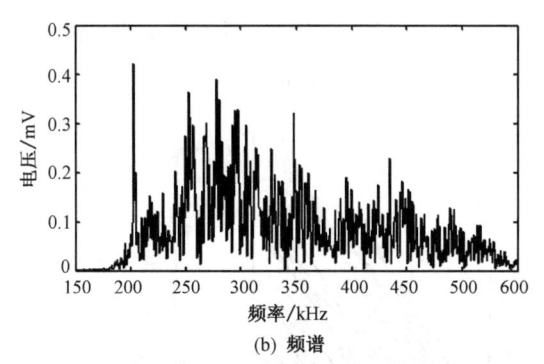

图 22-1 304 不锈钢在酸性 NaCl 溶液中的典型声发射波形和频谱图

此外,还可利用超声检测技术、热成像技术、涡流检测技术等对腐蚀过程中的腐蚀情况进行检测。

(3) 电化学研究方法

电化学噪声是指电化学动力系统演化过程中电位或电流的随机非平衡现象,见图 22-2。由于电化学噪声反映了金属电极表面在溶液中的动力学演化信息,且在测量过程中无须对被测电机施加外界扰动,因而通过对其时域、频域的分析可揭示包括点蚀、缝隙腐蚀、应力腐蚀等在内的腐蚀类型和腐蚀速度。电化学噪声的时域谱分析参数,包括标准偏差、噪声电阻、概率密度、局部腐蚀指数、特征事件频率等;频域谱的分析参数包括高频斜率、白噪声水平和谱噪声电阻等。此外,还可利用分形维数、关联维数等来描述电化学噪声的特征。

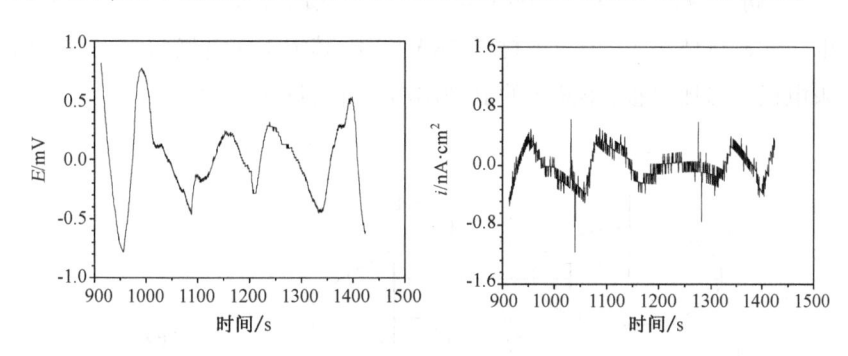

图 22-2 304 不锈钢在 NaCl 溶液中应力腐蚀过程中的典型电化学噪声谱

动态电化学阻抗谱技术是电化学阻抗谱技术的一种,具体地说就是材料腐蚀过程中不同时间、电位下的电化学阻抗谱,见图 22-3。通过对腐蚀过程中动态电化学阻抗谱的研究,可探明应力作用下金属腐蚀过程的动力学信息。

在本实验中,将着重利用形貌监测、电化学噪声、声发射技术等方法联合研究应力腐蚀破裂和腐蚀磨损过程中材料的各种行为变化特征,从而全面揭示应力与化学介质协同作用下金属的腐蚀机理。

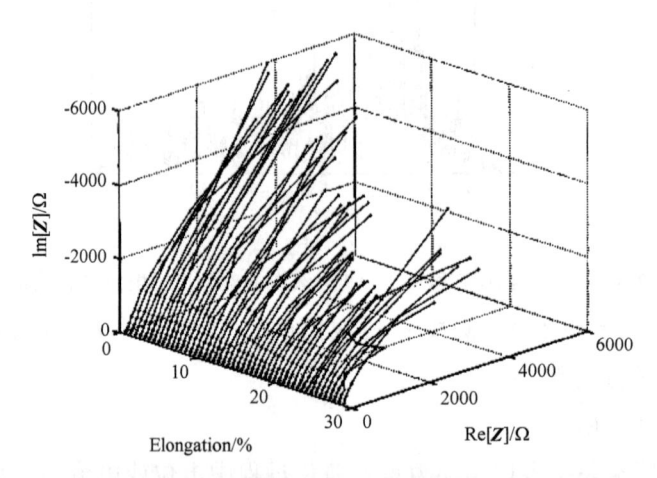

图22-3　拉伸变形过程中304L不锈钢在0.5 mol/L NaCl溶液中的电化学阻抗谱

三、实验材料和仪器

1. 实验材料

实验材料选用市售304不锈钢,实验溶液选用4 mol/L NaCl+0.01 mol/L $Na_2S_2O_3$ 溶液(应力腐蚀实验)和3.5%NaCl溶液(腐蚀磨损实验);实验温度为25 ℃。

电化学测试体系,采用异种材料ZRA模式,其中工作电极为304不锈钢;饱和甘汞电极为参比电极,小面积的Pt为辅助电极,见图22-4。

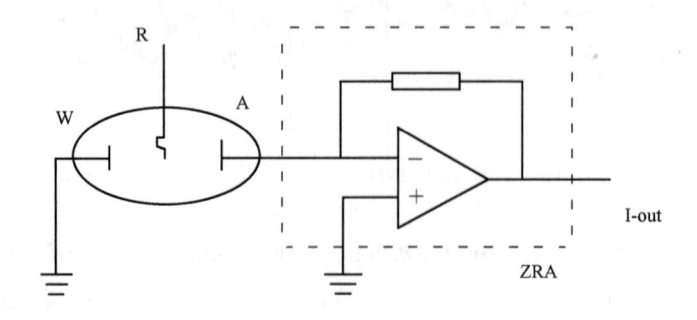

图22-4　电化学测试系统示意图

2. 实验仪器

慢应变速率拉伸试验机1套,往复式摩擦磨损试验机1套,其中对摩副为直径为 6 mm 的 ZrO_2 球,电化学工作站 1 台,声发射测试系统 1 台,长焦距显微镜 1 套,扫描电子显微镜 1 台。

慢应变速率下应力腐蚀的实验装置示意图,见图 22-5。往复式摩擦磨损条件下金属腐蚀的实验装置示意图,见图 22-6。

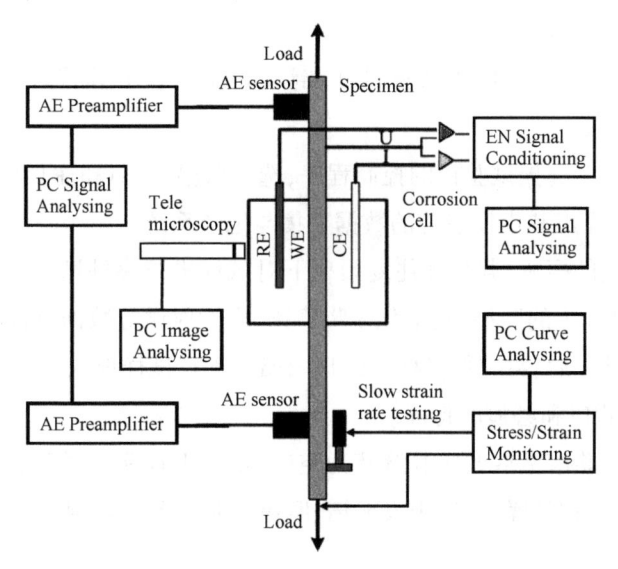

图 22-5 慢应变速率下应力腐蚀的实验装置示意图

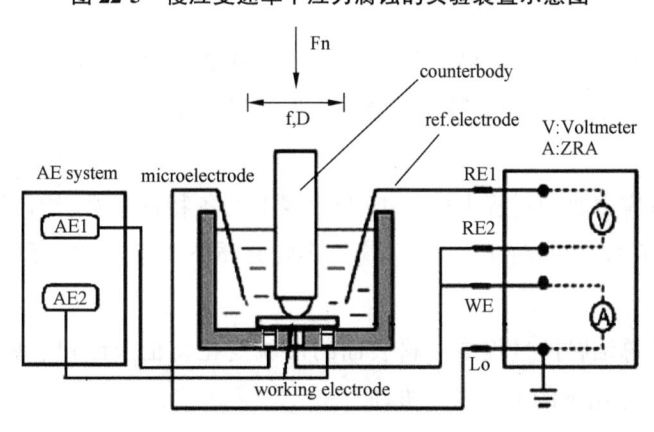

图 22-6 往复式摩擦磨损条件下金属腐蚀的实验装置示意图

四、实验步骤

1. 将拉伸试样装夹在拉伸夹具上,并将配制好的实验溶液倒入介质槽中。按图 22-5 中的配置和要求,连接好声发射传感器、参比与辅助电极、位移传感器等。

2. 打开慢应变速率试验机的控制程序，选择应变速率；同时调整电化学噪声、声发射、长焦距显微镜等的数据采集与显示系统。

3. 按恒定的应变速率对试样进行应力腐蚀实验，同时检测与记录拉伸变形过程中的应力-应变曲线、电化学噪声谱、声发射谱和表面形貌图像，直至试样发生断裂为止。

4. 按图22-6的要求，装夹好试样，倒入实验溶液，并连接好声发射传感器、参比与辅助电极。

5. 打开摩擦磨损试验机的控制程序，选择振幅、载荷和往复频率等参数；同时调整电化学噪声和声发射等的数据采集与记录系统。

6. 在固定的振幅、载荷和往复频率下对试样进行腐蚀磨损实验，同时检测与记录实验过程中的摩擦力、电化学噪声谱、声发射谱等数据，直至实验结束。

7. 实验结束后，将拉伸试样的断口及腐蚀磨损试样放入扫描电镜中进行形貌观察，分析断口和磨痕的特征。

8. 更换实验溶液或改实验溶液为空气，重复上述实验过程，比较介质对应力-应变曲线、电化学噪声谱、声发射谱、摩擦力曲线等的影响。

五、实验结果处理

1. 根据时域谱和频域谱的分析方法，计算应力腐蚀和腐蚀磨损条件下的特征电化学噪声参数和声发射特征参数，并探讨特征参数随实验时间的变化规律。

2. 计算应力腐蚀过程中应力-应变曲线上的各特征参数，绘制腐蚀磨损过程中的摩擦系数-时间曲线，分析空气与实验介质下力学参数（环境敏感系数）的变化规律。

3. 归纳总结腐蚀过程中材料表面的形貌变化特征及断口、磨痕的形貌特点，探讨应力作用下的金属腐蚀机理。

六、思考题

1. 应力作用下的金属腐蚀是如何分类的？各自的腐蚀特点和机制是什么？
2. 查阅国内外文献资料，全面阐述金属腐蚀动态过程的研究方法。
3. 分析应力与化学介质间的协同作用对金属腐蚀破坏的影响。

实验二十三 涂料的设计与制备综合实验

一、实验目的

1. 掌握环氧涂料中环氧树脂与固化剂用量的计算原理与方法。
2. 了解涂料各组成对涂料及涂层性能的影响。
3. 掌握涂料的制备及施工方法。

二、实验原理

涂料,又被通称为油漆,它是由一种有机高分子混合物溶液或粉末形式涂装在物体表面、形成附着力坚定的涂膜。涂料虽然种类繁多,但各种涂料的组成基本上都包括成膜物质、颜填料、溶剂、助剂等成分。其中油料、树脂是主要成膜物质,它们可以单独成膜也可以粘结颜、填料等物质成膜,它是涂料的基础。颜料、填料是次要的成膜物质,不仅使漆膜呈现颜色和遮盖力,还可以增加机械强度、耐久性及特种功能如防蚀和防污等性能。组成涂料的三大部分,并不是每种涂料都必须含有的,只有主要成膜物质才是涂料不可缺少的成分。

1. 成膜物质

可以作为涂料成膜物质的品种很多,如植物油和合成树脂等。下面,将以防腐蚀涂料中应用最广泛的环氧树脂涂料为主加以介绍。

环氧树脂,泛指分子中含有两个或两个以上环氧基团的有机高分子化合物,除个别外它们的相对分子质量都不高。环氧树脂的分子结构,是以分子链中含有活泼的环氧基团为其特征,环氧基团可以位于分子链的末端、中间或成环状结构。由于分子结构中含有活泼的环氧基团,使它们可与多种类型的固化剂发生交联反应而形成不溶,具有三向网状结构的高聚物。环氧树脂有多种型号,各具不同的性能,其性能可由特性指标确定。环氧当量(或环氧值)是环氧树脂最重要的特性指标,其表征树脂分子中环氧基的含量。环氧基是环氧树脂中的活性基团,它的含量多少直接影响树脂的性质。环氧当量是指含有 1 mol 环氧基的环氧树脂的质量克数,一般用 Q 表示。而环氧值是指 100 g 环氧树脂中环氧基的摩尔数,用 E 表示。Q 与 E 的换算关系为 $Q = 100/E$。

环氧树脂的固化,是通过固化剂来实现的,固化剂通过直接参加固化反应而成膜。在工业上应用最广泛的是胺加成物作为固化剂；用来计算胺加成物固化剂用量的特性指标，是胺值和胺当量。胺值，是指中和1克碱性胺加成物所需要的过氯酸所对应的当量氢氧化钾的毫克数。胺当量，是指含有1 mol N原子的胺加成物的质量克数。二者间的换算关系为：胺当量=56100/胺值。

研究表明，胺类固化环氧树脂的机理主要是N原子上的活泼氢原子，进攻环氧开环。故反应时胺类固化剂与环氧树脂二者的用量，主要与环氧基团的数目和活泼氢原子的数目有关。

由胺当量计算活泼氢当量，可通过下式实现：

活泼氢当量=胺当量×(胺加成物中N原子数/胺加成物的活泼氢原子数)

若安排环氧基与活泼氢原子按1∶1进行固化反应，环氧树脂与胺类加成物的用量关系可通过下式计算：

$$M = \frac{m \times E \times 561}{胺值} \times \frac{胺加成物中N原子数}{胺加成物中活泼氢原子数} \quad (23\text{-}1)$$

式中：m——环氧树脂的质量；

M——胺类加成物的质量。

通常情况下，胺类加成物主要含有伯胺结构时，上式右侧分式的值取1/2；胺类加成物中主要含有仲胺时，上式右侧分式的值取1。通过计算得到的数据大多数时候都只是作为参考，根据使用环境和条件并参照实际施工经验最终决定环氧树脂与固化剂二者的用量。

2. 颜料

颜料是次要成膜物质，是构成涂层的组分，离开主要成膜物质它不能单独成膜。颜料是涂料中的着色物质，同时有具有遮盖底层、阻挡光线、提高漆膜的耐水性、耐气候性、增加机械强度、硬度、耐磨性、延长漆膜使用寿命等作用。颜料是不溶于水的无机物、金属及非金属元素的氧化物、硫化物及盐类。一般颜料，分为着色颜料、防锈颜料、体质颜料三种。

3. 溶剂

溶剂是一些能挥发的液体，能溶解和稀释树脂或油料，改变其黏度以便于施工。同时，溶剂又是涂料的辅助成膜物质之一。在制漆和涂装中，溶剂占有很大比例，但涂料干结成膜后，并不留在漆膜内，完全挥发到空气中去，所以又称挥发部分。溶剂是溶剂型涂料不可缺少的成分之一，除在制漆时要采用溶剂外,涂装时为降低涂料的黏度,也要加入溶剂。制漆、涂装时选择溶剂十分重要,它直接影响涂料性能、漆膜性能和漆膜质量。如制漆选择不当,会影响涂料的储存稳定性,造成部分漆基的析出而变质。在涂装时,溶剂选择不当,会影响稀释涂料黏度和施工性能,会使漆膜产生白斑、白化、失光等瑕疵,严重时会使涂料报废。

4. 辅助材料

辅助材料(又称涂料助剂)是辅助成膜物质,它本身不能成膜。辅助材料一般根据其功效来分,主要有催干剂、防潮剂、增韧剂、润湿剂、防霉剂、杀虫剂、抗结皮剂、乳化剂、脱漆剂等。辅助材料虽然用量很小,在总配方中不过百分之几,甚至千分之几,但在涂料工业应用很广,而且在涂料组分中占有重要的地位,是涂料生产、储存、施工和使用过程中必不可少的材料。

涂料是一种应用广泛的精细化学品,涉及日常生活、国民经济及国防建设的各个部门,发展非常迅速,品种从仅具有装饰和保护功能的通用涂料,扩展到能改变被涂物表面各种性能的特种涂料。随着人们对保护环境和节约能源意识的加强,世界各国先后制定法规限制有机挥发物的排放量,促使涂料朝着节省资源、节省能源和无污染即节约型涂料的方向发展。涂料的研究、开发和生产涉及科学技术的众多领域。针对使用环境和条件选定涂料种类后,设定好涂料配方,即可开始制备涂料。

三、实验设备及材料

1. 实验材料

实验用原料有氧化铁红、硫酸钡、着色颜料、滑石粉、环氧树脂、增稠剂、混合溶剂、聚酰胺树脂、丙酮、马口铁片等。

在本实验中,以常用环氧涂料配方为基础,通过广泛查阅文献确定出环氧树脂、聚酰胺树脂、混合溶剂、增稠剂和颜填料为主要因素,确定出五因素四水平的正交实验表 $L_{16}(4^5)$(见表23-1)。其中,颜填料由氧化铁红、硫酸钡、滑石粉按3∶1∶3混合组成,也可根据实验室条件自行确定。

2. 实验设备

砂磨分散搅拌多用机1台,烘箱1台,烧杯16个,涂料刷若干。

四、实验内容及步骤

1. 用金刚砂布打磨马口铁片表面,并用丙酮清洗。

2. 按表 23-1 的正交配方将各物质在烧杯中混合,使用砂磨分散搅拌多用机对烧杯中的溶液进行研磨分散,按照 GB/T 1723—1993 的要求测定涂料的黏度,并填入表 23-1 中。

3. 在马口铁片上均匀涂刷配制成的涂料,在 110 ℃ 烘箱中烘干,时间为 2 h。按照 GB/T 1771—2007 的要求,测定已固化涂层的耐盐雾腐蚀性能,并填入表 23-1 中。

表 23-1 环氧涂料的正交实验设计及涂料黏度和涂层耐蚀性能

序号	环氧树脂/g	聚酰胺树脂/g	混合溶剂/g	增稠剂/g	颜填料/g	涂料黏度/s	涂层耐盐雾试验性能/h
1	18	9	21	0.1	36		
2	18	11	24	0.2	40		
3	18	13	27	0.3	44		
4	18	15	30	0.4	48		
5	22	9	24	0.3	48		
6	22	11	21	0.4	44		
7	22	13	30	0.1	40		
8	22	15	27	0.2	36		
9	26	9	27	0.4	40		
10	26	11	30	0.3	36		
11	26	13	21	0.2	48		
12	26	15	24	0.1	44		
13	30	9	30	0.2	44		
14	30	11	27	0.1	48		
15	30	13	24	0.4	36		
16	30	15	21	0.3	40		

五、实验注意事项

1. 实验过程中注意各药品的称量次序,最后向体系中加入固化剂组分。

2. 要保证一定的搅拌时间,但是也不能过长,黏度达到一定程度后开始涂刷,否则黏度过大,影响最终实验效果。

3. 涂刷过程中,试验台要使用旧报纸等物以保证不将涂料滴落在试验台上。

六、实验结果与处理

1. 测定表 23-1 中 16 种配方涂料的黏度及涂层的耐盐雾腐蚀性能,并完成正交实验表 23-1。

2. 对表 23-1 中的黏度和耐盐雾腐蚀性能进行极差分析,完成极差分析表 23-2。

3. 根据极差 R_1 确定对涂料黏度影响最大的因素,并依据 K_{1i} 作图分析各因素用量的变化对涂料黏度的影响,确定每因素的最佳水平。

4. 根据极差 R_2 确定对涂层耐盐雾试验性能影响最大的因素,并依据 K_{2i} 作图分析各因素用量的变化对涂层耐盐雾试验性能的影响,确定每因素的最佳水平。

表 23-2 环氧涂料黏度和涂层耐蚀性能的极差分析

	环氧树脂/g	聚酰胺树脂/g	混合溶剂/g	增稠剂/g	颜填料/g
K_{11}					
K_{12}					
K_{13}					
K_{14}					
K_{21}					
K_{22}					
K_{23}					
K_{24}					
R_1					
R_2					

七、思考题

1. 分析固化剂用量对涂层最终性能的影响。

2. 在涂料配方设计中,应如何选择配方的组成成分、正交因素个数和水平数？因素和水平数对实验结果有什么影响？

实验二十四　腐蚀产物膜的综合分析实验

一、实验目的

1. 掌握腐蚀产物膜形貌、成分及结构特征的基本分析方法。
2. 了解腐蚀产物分析常用实验仪器的功能和用途。

二、实验原理

腐蚀产物膜的主要分析方法是表观检查。表观检查是一种定性的检查评定方法,通常包括宏观检查和微观检查两部分内容。

宏观检查,就是用肉眼或低倍放大镜对金属材料去除腐蚀产物前后的形态进行观测。宏观检查时,应注意观察和记录材料表面腐蚀产物膜的颜色、形态、附着情况及分布;判别去除腐蚀产物膜后金属基体的腐蚀类型,局部腐蚀应确定部位、类型并检测其腐蚀破坏程度。另外,可对腐蚀产物膜及去除腐蚀产物膜后金属基体的形貌进行拍摄,以便保存和事后分析之用。

微观检查方法,常被用来获取微观(局域的或表面的)信息,用以描述腐蚀产物膜的形貌、成分及结构特征,是宏观检查的进一步发展和必要补充。常用于微观检查的分析方法,有扫描电子显微镜(SEM)、能谱分析(EDS)、X射线衍射(XRD)及 X 射线光电子能谱(XPS)等。

扫描电子显微镜(SEM)是应用电子束在样品表面扫描激发二次电子成像的电子显微镜,它主要用于研究样品表面的形貌与成分。

能谱分析(EDS),是利用不同元素的 X 射线光子特征能量不同进行成分分析。它是电子显微镜(扫描电镜、透射电镜)的重要附属配套仪器,结合电子显微镜,能够在 1~3 min 之内对材料微观区域的元素分布进行定性定量分析,但其只能分析原子序数大于 11 的元素。

如果需要更精确的元素分析,就需要用到电子探针显微分析仪(EPMA)。EPMA 是利用束径 0.5~1 μm 的高能电子束,激发出试样微米范围的各种信息,进行成分、结构、形貌和化学结合状态等分析。成分分析的空间分辨率(微束分析空间特征的一种度量,通常以激发体积表示)是几个立方微米范围。微区分析是 EPMA 的一个重要特点之一,它能将微区化学成分与显微结构对应起来,是一种显微结构的分析。它所分析的元素范围一般可从硼(B)到铀(U),是目前微区元素定量分析最准确的仪器,检测极限(特定分析条件下,能检测到元素或化合物的最小量值)一般为 0.01%~0.05%,不同测量条件和不同元素有不同的检测极限,有时可以达到 ppm 级。

X 射线衍射(XRD),是利用 X 射线受到原子核外电子的散射而发生衍射现象的分析方法。由于晶体中规则的原子排列就会产生规则的衍射图像,可据此分析表面腐蚀产物膜的结构。X 射线衍射如果直接用来检测金属表面上的腐蚀产物时,对图谱的解释须考虑到 X 射线会穿透到表层 10~20 μm 处;如果腐蚀产物层比这个厚度厚,那么衍射图谱上不会反映基体的信息。

X 射线光电子能谱分析(XPS),是用 X 射线去辐射样品,使原子或分子的内层电子或价电子受激发射出来。XPS 主要应用是测定电子的结合能来实现对固体表面元素的定性分析,包括表面的化学组成或元素组成、原子价态等。光电子能谱仪有不同的进样系统,固、液、气三态样品均可分析。可利用 XPS 研究金属和周围介质相互作用的初期阶段,金属表面腐蚀膜的组成,气体的表面吸附以及表面沾污情况等。用 XPS 测定各有关元素的谱形变化,可对表面膜中各元素的相对变化作定性的研究。

通过以上表面分析方法的结合使用,就可对腐蚀产物膜各层形貌、结构及化学成分组成作系统的定性和定量分析。例如在石油天然气工业中普遍存在的 CO_2 腐蚀,碳钢经过 CO_2 腐蚀后,腐蚀产物膜主要是由 $FeCO_3$ 晶体组成。而含铬钢腐蚀产物膜主要是由非晶态的 $Cr(OH)_3$ 及少量的 $FeCO_3$ 晶体组成。通过观察实验中 N80 钢去除腐蚀产物膜前后的形貌可以发现,腐蚀产物膜呈灰黑色,表面存在大小不一的孔洞,其余部分腐蚀产物膜相对致密;去除腐蚀产物膜后,可见基体呈现明显的点蚀形貌特征,见图 24-1。对比可见腐蚀产物膜的缺陷(如鼓泡、孔洞)处,基体发生局部腐蚀。从微观腐蚀形态上看,N80 钢表面由一层堆积比较紧密的晶体构成,如图 24-2(a),通过能谱分析可知,其主要由 Fe、O 及 C 元素组成(表 24-1)。结合 X 射线衍射分析,表明这些腐蚀产物是 $FeCO_3$(图 24-3)。从截面形貌可以清楚看出,腐蚀产物膜分为三层:最外层由一些较小的 $FeCO_3$ 晶体构成;而内层的 $FeCO_3$ 晶体颗粒较大;中间层的晶体大小介于二者之间,见图 24-2(b)。

(a) 去除腐蚀产物膜前　　　　　　　　　(b) 去除腐蚀产物膜后

图 24-1　N80 钢腐蚀产物膜的宏观形貌

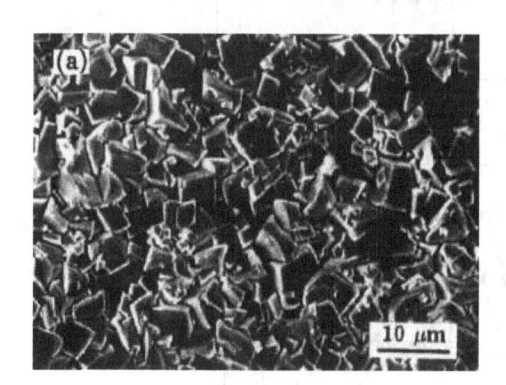

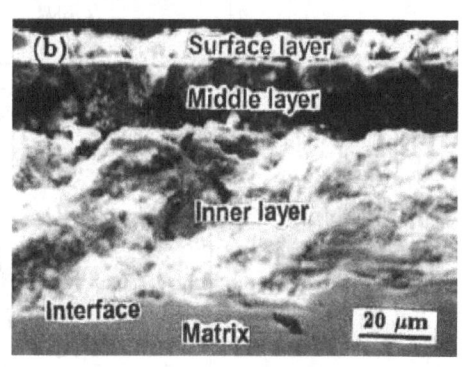

(a) 表面形貌　　　　　　　　　(b) 断面形貌

图 24-2　N80 钢腐蚀产物膜的微观形貌

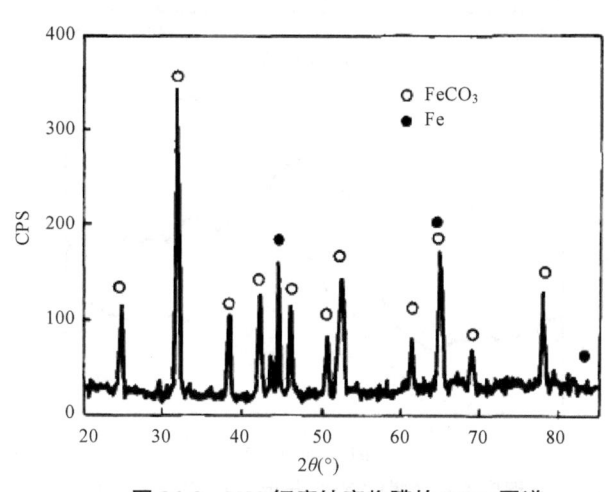

图 24-3　N80 钢腐蚀产物膜的 XRD 图谱

表 24-1　N80 腐蚀产物膜的成分分析　　　　　　　　　　%

C	Fe	O	Mn	Ca
5.39	38.13	52.69	2.07	1.72

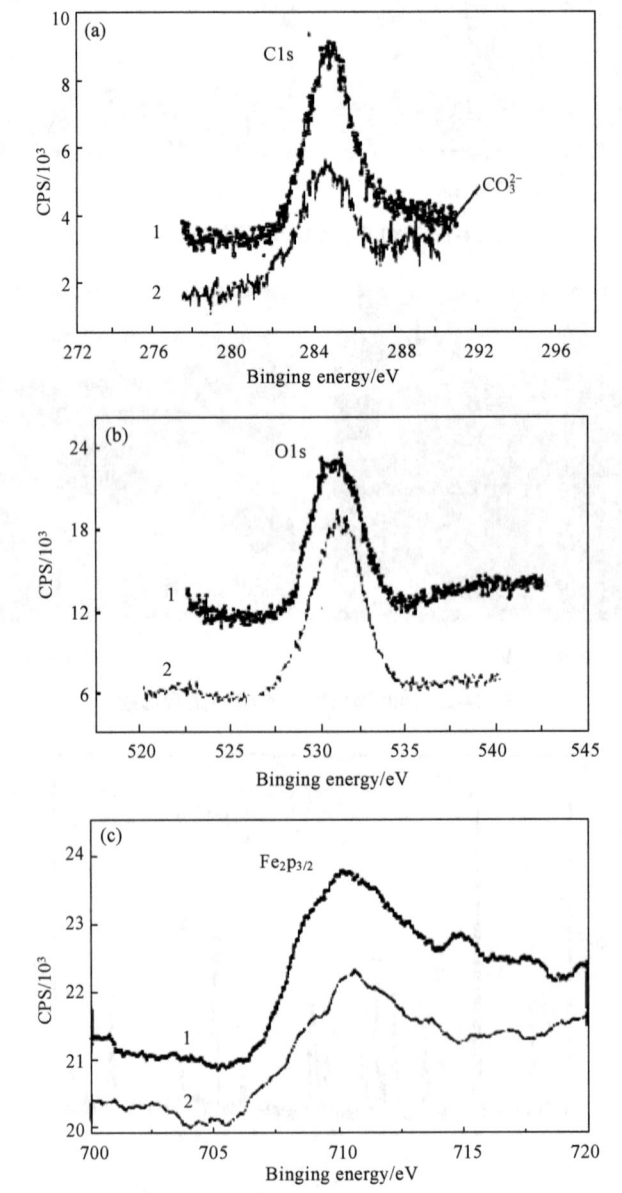

图 24-4　N80 钢腐蚀产物膜的 XPS 分析：(a) C；(b) O；(c) Fe
1—表层膜；2—中间层膜

再结合图 24-4 的 XPS 分析和表 24-2 的结合能分析可知,Fe 在 710.13 eV (表层膜)、710.30 eV(中间层膜)处有明显结合能峰,与标准值 710.20 eV 相吻合,说明 Fe 以+2 价态存在,同样可分析出 O 和 C 分别以-2 和+4 的价态存在。由此可以证明,腐蚀产物膜中的 Fe 是以 $FeCO_3$ 晶体形式存在。

表 24-2　Fe、O 和 C 元素的结合能实验结果与标准值的对比

Valence state	Standard value	Experimental value	
	$FeCO_3$	Surface layer	Middle layer
$Fe_2p_{3/2}$	710.20	710.13	710.30
O1s	531.90	530.92	531.23
C1s	289.40	284.60	284.60, 289.20

结合以上分析结果,我们就可以进一步地阐明腐蚀产物膜的特性、形成机制以及对金属基体耐蚀性的影响。

三、实验材料和仪器

1. 实验材料

带有腐蚀产物膜的试样;分析纯无水乙醇、分析纯丙酮等。

2. 实验仪器

扫描电子显微镜、能谱分析仪、X 射线衍射仪、X 射线光电子能谱仪、吹风机、数码照相机。

四、实验步骤

1. 试样的准备:准备好带有腐蚀产物的试样,根据所做实验分析的类型准备平行试样的数量(不得少于 3 块)。

2. 腐蚀产物膜的宏观观察:观察并记录腐蚀产物膜的宏观腐蚀形貌;并利用数码照相机对每一块试样照相,以备后续分析时使用。

3. 去除腐蚀产物膜:选取一块特征明显的试样以备后续腐蚀产物膜分析使用,将剩余试样刮去腐蚀产物膜存放,以备 XRD 等分析使用。根据实验试样材质,结合标准选取合适的溶液去除腐蚀产物;将试样用酒精除水,丙酮除油后吹干。

4. 试样腐蚀形貌观察:观察腐蚀后金属基体的腐蚀形貌,判断腐蚀类型,并

拍照。

5. 使用扫描电镜和能谱分析仪分析腐蚀产物膜的表面和断面形貌及成分：在进行扫描电镜观察前,要对试样作相应处理(切割),切记不能破坏腐蚀产物膜,试样大小要适合所使用的仪器样品座的大小；若材料的导电性差,要进行喷碳或喷金处理,然后用导电胶把试样粘结在样品座上；实验仪器准备就绪后,观察腐蚀产物膜表层及断面形貌,选取特征明显的部位拍照；对表层及断面各层腐蚀膜进行能谱微区成分分析,保存实验结果。

6. 使用 X 射线衍射仪分析腐蚀产物膜的结构：样品可以选用块状试样或粉末试样；块状试样大小要根据使用仪器样品架大小制备,一般不超过 20 mm× 18 mm,必须使测定面与试样表面在同一平面上,试样表面的平整度要求达到 0.02 mm 左右；粉末试样一般情况下定性鉴定用 10 mg 即可,制备时要保证平整；将制备好的试样放入样品架进行测量,保存实验数据。

7. 使用 X 射线光电子能谱仪分析腐蚀产物膜的元素的组成及化合价态：对于块状样品和薄膜样品,其长宽最好小于 10 mm,高度小于 5 mm；对于体积较大的样品则必须通过适当方法制备成合适大小的样品,但在制备过程中,必须考虑处理过程可能对表面成分和状态的影响；将制备好的试样装入样品架上,进行测量,保存实验数据。

8. 实验结束后,按要求规整实验器材。

五、实验结果处理

1. 描述腐蚀产物膜表面的宏观形貌特征及去除腐蚀产物膜后试样的腐蚀形貌。

2. 根据腐蚀产物膜表面及断面的 SEM 形貌,分析腐蚀产物膜的组成及结构。

3. 自建表格,记录能谱分析结果。

4. 使用 Search-Match、Jade 等分析软件分析 X 射线衍射曲线；使用 XPS 分峰软件分析 X 射线光电子能谱曲线,用 Origin 绘图软件作图,标定相应化合物及元素信息,分析腐蚀产物膜的结构及化学组成。

5. 结合以上实验结果,综合分析腐蚀产物膜的特征。

六、思考题

1. 在腐蚀产物膜分析中,要用到哪些主要的表面分析方法?各自的原理是什么?
2. 在腐蚀产物膜试样的制备过程中,需要注意哪些问题?
3. 试表征所分析的腐蚀产物膜元素组成、物相及结构特征。

实验二十五　锈蚀碳钢磷化及磷化膜性能检验实验

以往"金属腐蚀与防护"课程实验单一，方法陈旧，因此我们设计了"金属腐蚀与防护"综合性实验。该综合性实验包括 5 组实验项目，主要依托现代电化学腐蚀测试仪器——电化学工作站进行实验，其中不仅涉及浸泡失重法、线性极化法、塔菲尔极化曲线法、电化学阻抗谱等腐蚀测试分析技术，还包含了缓蚀剂保护、涂镀层保护和阴极保护等主要的防腐蚀方法。这些实验项目具有一定的综合性、探索性和应用性，有助于使学生深化对金属腐蚀与防护理论知识的理解，并得到较全面的相关实验技能训练和综合分析与创新能力的培养。

理工科高等教育的任务是培养具有创新能力、实践能力和工程能力的高素质人才。学生的教育教学主要由课堂教学和实践教学两大部分构成，作为实践教学的重要组成部分，专业实验教学是培养高等工程技术人员不可缺少的基本训练环节，是使学生实现由课堂理论知识向能力转化的重要途径，在培养学生解决实际问题能力、独立工作能力和创新精神中扮演着极其重要的角色。近年来，为了适应新形势下高校教学改革的需要，许多专业在实验教学模式和方法上都作了一些有益的新尝试。作为一种新的培养学生科研和创新能力的实验模式，综合性实验已经成为实验教学改革的发展趋势之一。综合性实验是指实验内容涉及相关的综合知识或运用综合的实验方法、实验手段，对学生的知识、能力与素质进行综合训练的一种复合型实验，主要是培养学生的综合分析能力、实验动手能力、数据处理能力、查阅资料能力以及解决问题的能力。这种实验模式不仅可以使学生较为系统地掌握基本实验技能，加深对相关专业理论知识的理解和融会贯通，而且可为他们做好毕业课题和毕业后从事专业工作奠定必要的实训基础。

材料尤其是金属材料的腐蚀问题几乎存在于工业生产和生活的各个方面，由此造成的损失非常巨大。因此，材料的腐蚀与防护问题日益受到人们关注，其基本理论和方法已逐渐成为材料及其相关专业（化工、机械、电子、能源、航空航天等）学生必须学习和掌握的重要专业知识。"金属腐蚀与防护"这门学科主要以金属学、物理化学和电化学为理论基础，同时还与冶金学、机械学、环境学等学科有着密切联系。学生除了通过课堂教学来学习腐蚀与防护理论知识外，还特别需要通过做实验获得的感性认识和动手体验来深化对相关原理和工艺过程的理解。目前金属腐蚀与防护课程开设的实验基本以单一的、验证性实验为主,各实验之间相互联系不够紧密,这既不利于学生透彻理解实验原理,也不利于思维的纵深与横向发展。

一、实验内容的选择与设计

钢铁具有良好的综合力学性能和经济性,是实际应用最多的一大类金属材料,但是其在使用环境中容易受到腐蚀,因此针对钢铁材料的腐蚀研究受到人们广泛关注。本实验选择钢铁中具有代表性的 Q235 低碳钢和 SS304 不锈钢为实验材料,而以电化学工作站为主要实验仪器。近年来,作为一种将计算机软硬件和多种电化学腐蚀测试分析技术结合为一体的较为先进的腐蚀电化学测试仪器,电化学工作站在腐蚀研究中的应用已日渐普及。因此了解电化学工作站的基本组成、主要测试方法及原理,熟悉和掌握相应的实验操作技能,正确分析实验结果等,已经成为材料及相关专业的学生在学习腐蚀理论的同时应当掌握的基本实训技能。本综合性实验分为五个部分,即钢铁的腐蚀与钝化实验,不锈钢的阳极极化曲线及点蚀和保护电位的测定实验,低碳钢在硫酸溶液中的腐蚀和缓蚀剂实验,低碳钢的阴极极化曲线及阴极保护实验,碳钢上电镀锌防护层及其钝化处理实验等。上述实验不仅涉及浸泡失重法、线性极化法、塔菲尔极化曲线法、交流阻抗谱及等效电路拟合法等基本的腐蚀测试技术,同时也包含了主要的几种防腐蚀方法。这些实验项目具有一定的综合性和应用性,难度适中,可操作性强,适合本科生的实际水平,有助于使他们较全面地得到腐蚀与防护实验技能的综合训练。

二、综合性实验方法

1. 主要实验器材

电化学工作站(CHI760C 型,上海辰华仪器公司),恒电位仪(天津市中环电子仪器公司),饱和甘汞电极、铂电极、石墨电极、电子分析天平(上海恒平仪器公司),恒温水浴锅,硅整流器,磁力搅拌器,金相试样镶嵌机,金相显微镜,电烙铁,电钻,玻璃烧杯,Q235 低碳钢板材,304 不锈钢板材,纯锌板,砂纸,相关化学试剂。

2. 样品制备

以 Q235 低碳钢和 304 不锈钢为实验材料,取样尺寸为 5 cm×1 cm×0.15 cm 或 5 cm×2 cm×0.15 cm,试样表面用 300#-1200#耐水砂纸逐级打磨至一定粗糙度,清洗除油后置于干燥器中备用。供电化学测试的样品用导线连接,表面用环氧树脂涂封,仅留 1 cm² 的工作面积。

3. 测试条件

电化学测试采用三电极体系,待测样品为工作电极,铂电极或石墨电极为辅助电极,饱和甘汞电极(SCE)为参比电极;以玻璃烧杯或三口烧瓶为电解池;塔菲尔极化曲线测试时的电位扫描速度为 1 mV/s;线性极化采用±10 mV(相对于自腐蚀电位)、频率为 2 Hz 的方波信号;交流阻抗谱测量用的正弦波信号幅度为 10 mV,频率范围 $10^{-2} \sim 10^5$ Hz,起始电位设定为自腐蚀电位。利用电化学工作站分析软件进行实验数据处理和有关腐蚀参数的计算分析。

三、实验结果与分析

1. 钢铁的腐蚀与钝化实验

本实验主要包括浸泡失重实验和极化曲线测量实验,目的在于使学生掌握这两种实验的基本方法及操作,同时了解金属钝化的基本特征。

采用浸泡失重法测量低碳钢的平均腐蚀速度,试样尺寸为 5 cm×1 cm×0.15 cm,以浓度 20%、40%和 60%的硝酸水溶液(温度 25 ℃)作为腐蚀介质,试样在介质中浸泡一定时间后取出,用电子分析天平称重,根据腐蚀前后试样的质量变化计算腐蚀速度 k,并取三个平行试样的平均值。

表 25-1 给出了通过失重法实验测得的低碳钢在 HNO_3 溶液中的腐蚀速度。由表 1 数据可知,HNO_3 浓度由 20%提高到 40%,低碳钢的腐蚀速度显著增大,两者相差约 20 倍。但当 HNO_3 浓度由 40%进一步提高到 60%时,低碳钢的腐蚀速度反而急剧减小,后者仅为前者的数千分之一,这表明低碳钢在高浓度的 HNO_3 溶液中发生了钝化。

表 25-1　低碳钢试样在不同浓度的 HNO_3 溶液中(25 ℃)的腐蚀速度

HNO_3 浓度/(wt.%)	20	40	60
浸泡时间/min	8	1	20
腐蚀速度 k/(g·m^{-2}·h^{-1})	8384.5	98540	18.6

实验过程中也可以清楚地观察到,低碳钢在 40%HNO_3 溶液中的腐蚀反应十分激烈,试样面有大量气泡析出,而低碳钢试样在 60%HNO_3 溶液中腐蚀反应十分缓慢,表面析出的气泡很少。经过浸泡腐蚀实验后,由于铁离子溶解到溶液中,使得 20%HNO_3 溶液的颜色稍微变黄,40%的 HNO_3 溶液变成棕黄色,而 60%的 HNO_3 溶液的色泽基本无变化。

在 HNO_3 溶液中低碳钢试样的极化曲线测量结果见图 25-1,可见在 20%的 HNO_3 溶液中,低碳钢的腐蚀电位为 -0.213 V,腐蚀电流密度为 $6.628×10^{-2}$ A/cm^2,明显处于活化腐蚀状态(图 25-1a)。而在 60%的 HNO_3 溶液中,低碳钢的阳极极化曲线表现出典型的自钝化特点,腐蚀电位大幅正移,达到 0.765 V,腐蚀电流密度急剧下降至 $1.26×10^{-2}$ A/cm^2,仅为 20%HNO_3 溶液中的数百分之一。并且没有活化—钝化电流峰出现,钝化区很宽,过钝化电位达到约 $1.60V_{SCE}$。将腐蚀电流密度换算为腐蚀速度,得到在 20% 和 60%HNO_3 溶液中,低碳钢的腐蚀速度分别为 $6.9243×10^2$ g·m^{-2}·h^{-1} 和 1.3163 g·m^{-2}·h^{-1}。

需要说明的是,与失重法测得的是一段时间内的平均腐蚀速度有所不同,塔菲尔极化曲线测量得出的是某一瞬时的腐蚀速度(腐蚀电流密度)。由于腐蚀速度往往随时间改变,以及测量误差等因素的存在,因此由极化曲线法测得的腐蚀速度值与失重法测定的腐蚀速度并不一定相同。但是对于不同的试样,采用同一测试方法所得的腐蚀性能结果是可以相互比较的。

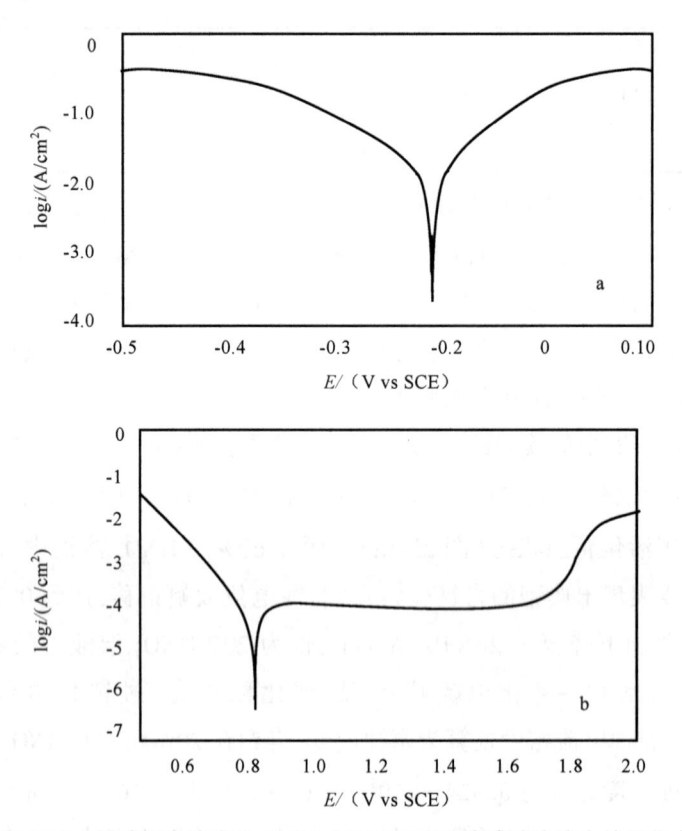

图 25-1 低碳钢在浓度为 20%(a) 和 60%(b) 的硝酸溶液中的极化曲线

2. 不锈钢的阳极极化曲线及点蚀和保护电位的测定

为了评价不锈钢的耐点腐蚀能力，需要获得其临界点蚀电位 E_b 和保护电位 E_p，两者的值越高，表明耐点蚀能力和蚀孔修复能力越强，通常可通过测量阳极极化曲线来确定 E_b 和 E_p。

对 304 不锈钢在 3%NaCl 溶液中进行阳极极化曲线测量(图 25-2)。为了能使阳极极化曲线上出现活化—钝化电流峰，试样浸入 3%NaCl 试验溶液后，先进行表面阴极还原处理(将电位设定在 $-0.8V_{SCE}$ 下保持 3 min 以去除原来在空气中形成的钝化膜，然后再进行阳极极化测量，图 25-2(a) 为 SS304 不锈钢在 3%的 NaCl 溶液中测定的典型阳极极化曲线，其明显地可分成四个特征区段：a. 活化腐蚀溶解区——AB 段(电位范围-300 mV 至-200 mV 左右)；b. 活化—钝化过渡区——BC 段(电位范围-200 mV 至-100 mV 左右)；c. 稳定钝化区——

CD段(电位范围-100 mV至+180 mV左右);d.点蚀区——DE段(电位>+180 mV)。从图25-2(a)可以确定,304不锈钢在3%的NaCl溶液中的活化态腐蚀电位E_{corr}为-320 mV,致钝电位为-210 mV,致钝电流密度为0.126 mA/cm^2,维钝电位为-100 mV至+180 mV,维钝电流密度为0.063 mA/cm^2,临界点蚀电位E_b为+180 mV。

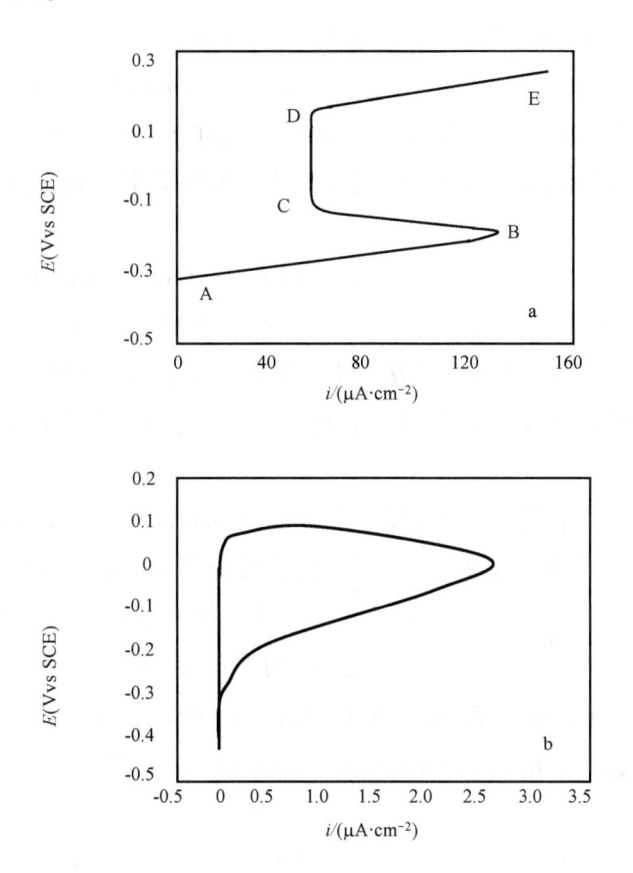

图25-2 304不锈钢在3%NaCl溶波中的阳极极化曲(a)和循环极化曲线(b)

图25-2(b)为304不锈钢相同试样在3%的NaCl溶液中测得的循环阳极极化曲线,与图25-2(a)的测试条件有所不同,本次测试的试样未做阴极极化处理,试样浸入3%NaCl溶液后静置3 min,然后直接进行阴极极化测量,当电流密度达到1 mA/cm^{2}后,由软件控制使电位反向扫描,直到回扫曲线与正扫曲线相交为止,从而可测得一条环状曲线,回扫曲线与正扫曲线的交点即为材料在这种介质中的点蚀保护电位。从图25-2(b)可知,原已在空气中钝化的304不锈

钢在3%NaCl溶液中仍可保持钝化态,维钝电流密度约为0.05 mA/cm²,与图25-2(a)的维钝电流密度相近,但临界点蚀电位E_b却仅为0 mV左右,比前者低了近200 mV,这可能与不锈钢在空气中和在水溶液中 阳极极化形成的钝化膜,在膜成分、厚度和均匀性等方面存在差别有关。此外,由图25-2(b)还可以确定点蚀保护电位E_p约为-290 mV。

3. 低碳钢在硫酸溶液中的腐蚀和缓蚀剂实验

在腐蚀介质中添加少量某种物质,能使金属的腐蚀速度显著降低,这种物质就叫缓蚀剂(即腐蚀抑制剂)。缓蚀剂可以是单组分物质,也可以是多组分的复合物质。缓蚀剂保护方法使用方便,具有很好的保护效果,得到了广泛的应用。

本实验以浓度为1 mol/L的H_2SO_4和1 mol/L H_2SO_4+0.015 mol/L CH_4N_2S(硫脲,作为缓蚀剂加入)两种溶液作为腐蚀介质,考察硫脲对低碳钢的缓蚀作用效果。采用浸泡失重法,利用电化学工作站分别进行方波线性极化、塔菲尔极化曲线和交流阻抗谱测量,以确定相关腐蚀性能参数和缓蚀效率。

失重法采用的低碳钢试样尺寸为5 cm×1 cm×0.15 cm,实验溶液温度保持在25 ℃,腐蚀浸渍时间为1 h。测量腐蚀前后试样的质量,由(1)式计算腐蚀速度,并取3个平行试样腐蚀速度的平均值。结果表明,低碳钢在空白溶液(1 mol/L H_2SO_4)中的平均腐蚀速度$k_{空白}$为1.08 g·m⁻²·h⁻¹,而当加入缓蚀剂(0.015 mol/L CH_4N_2S)后,腐蚀速度$k_{缓蚀}$减小到0.40 g·m⁻²·h⁻¹,缓蚀效率$\eta=(k_{空白}-k_{缓蚀})\times100/k_{空白}=(1.08-0.4)\times100/1.08=63\%$。

$$k = \frac{m_0 - m_1}{S \cdot t} \tag{1}$$

式中:k——金属腐蚀速度,g·m⁻²·h⁻¹;

m_0——腐蚀前试样的质量,g;

m_1——经过一定时间的腐蚀,并去除表面腐蚀产物后试样的质量,g;

S——试样暴露在腐蚀环境中的面积,m²;

t——试样腐蚀的时间,h。

图25-3为方波线性极化法测得的低碳钢在1 mol/L 硫酸溶液中未加和加了0.015 mol/L硫脲缓蚀剂的极化电流密度-时间曲线(i-t曲线),根据极化电

阻 R_p 的计算公式 $R_p=\eta/i$,可以求出低碳钢在空白溶液和缓蚀溶液中的极化电阻分别为:

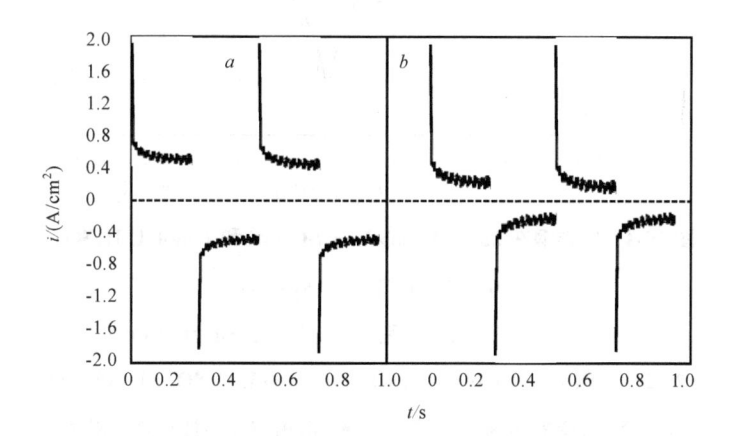

$$R_{p空白}=0.010/(0.55\times0.0001)=182\ \Omega\cdot cm^2,$$
$$R_{p缓蚀}=0.010/(0.30\times0.0001)=333\ \Omega\cdot cm^2$$

图 25-3 低碳钢在 25 ℃ 1 mol/L H_2SO_4(a)和 1 mol/L H_2SO_4 + 0.015 mol/L CH_4N_2S(b)

溶液中的方波线性极化曲线,极化过电位 ΔE 为 ±10 mV

由于腐蚀电流 i_{corr} 与极化电阻 R_p 之间存在关系:$i_{coor}=B/R_p$,若比例系数 B 近似不变,则可得到缓蚀效率:$n=(R_{p缓蚀}-R_{p空白})/R_{p缓蚀}=45.3\%$。

图 25-4 为低碳钢在 1 mol/L 硫酸溶液中未加和加了硫脲缓蚀剂的塔菲尔极化曲线,从图中可以看出,加入 0.015 mol/L 硫脲后,钢的腐蚀电位由 −0.442 V 负移到 −0.450 V,同时阴极极化电流减小,表明硫脲属于阴极抑制型缓蚀剂。采用电化学工作站软件对极化测量数据分析得到相关腐蚀动力学参数见表 25-2。根据添加缓蚀剂前后腐蚀电流密度 i_{corr} 的变化,可以计算出硫脲在 1 mol/L H_2SO_4 中对低碳钢的缓蚀效率 $\eta=(i_{corr空白}-i_{coor缓蚀})/i_{corr空白}=(0.6497-0.389)/0.6497=40.1\%$,这一数值比方波线性极化法中根据极化电阻计算的缓蚀效率要稍微低点。

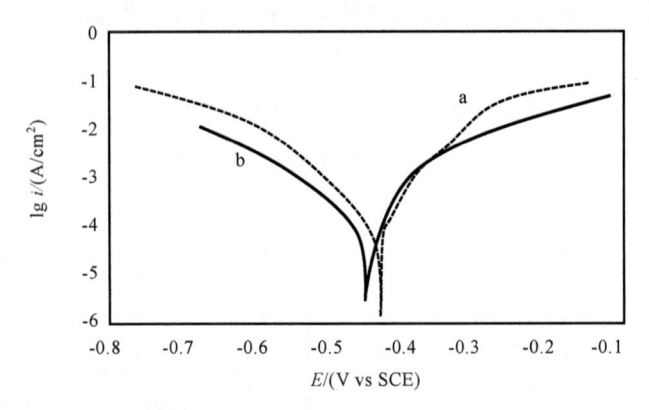

图 25-4 低碳钢在 25 ℃ 1 mol/L H_2SO_4(a)和 1 mol/L H_2SO_4+ 0.015 mol/L CH_4N_2S(b)

溶液中的塔菲尔极化曲线,极化过电位 ΔE 为±10 mV

表 25-2 低碳钢在 1 mol/L H_2SO_4 和 1 mol/L H_2SO_4+0.015 mol/L (CH_4N_2S)中的腐蚀动力学参数(R_p 值由方波线性极化法求得)

硫脲含量/(mol/L)	阴极塔菲尔斜率 b_c/V	阳极塔菲尔斜率 b_a/V	腐蚀电位 E_{corr}/V	腐蚀电流密度 I_{corr}/(A/cm²)	腐蚀速度 K/(g·m⁻²·h⁻¹)	线性极化电阻 R_p/(Ω·cm²)	$B=i_{corr}·R_p$/V
0	0.100 3	0.039 9	−0.442	0.649 7	0.676	182.0	0.011 8
0.015	0.126 0	0.073 4	−0.450	0.389 0	0.405	333.3	0.013 0

图 25-5 为低碳钢在 1 mol/L 硫酸溶液中未加和加了硫脲缓蚀剂的电化学阻抗谱,从图中可以看出,加入 0.015 mol/L 硫脲后,低碳钢的阻抗弧曲率半径增大,电荷传递电阻增大。采用 ZView 2.0 软件对交流阻抗测量数据分析拟合,得到相应等效电路及参数见表 25-3。

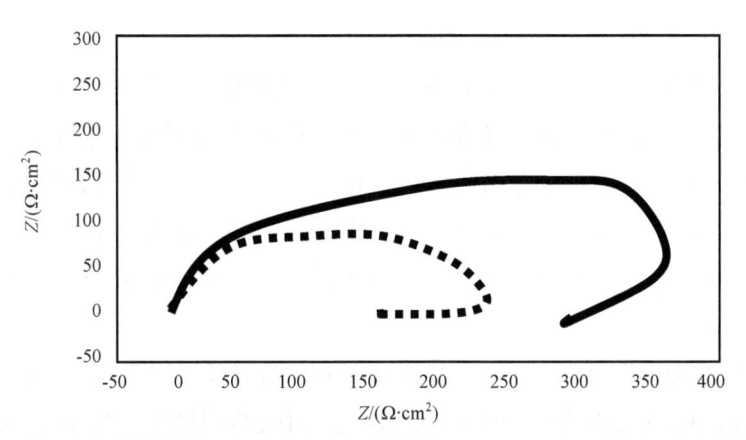

图 25-5 低碳钢在 1 mol/L H₂SO₄)和 1 mol/L H₂SO₄+0.015 mol/L 硫脲溶液中的电化学阻抗谱

表 25-3 根据图 23-3 数据利用 ZView 软件拟合得到的等效电路及参数
(R-溶液电阻，R_t-电荷传递电阻，CPE-常相位角元件)

等效电路			R — Rt — CPE	
硫脲含量/(mol/L)	$R/(\Omega \cdot cm^2)$	$R_t/(\Omega \cdot cm^2)$	CPE-T/($10^{-4} \cdot \Omega^{-1} \cdot cm^{-2} \cdot S^{-n}$)	CPE-n
0.0	1.218	166.3	1.454 1	0.875 38
0.015	0.753 73	342.1	5.080 1	0.790 96

可见低碳钢的交流阻抗谱的等效电路由溶液电阻、电荷传递电阻与 CPE 元件串并联组成，与空白溶液(1 mol/L H₂SO₄)相比，添加硫脲后，低碳钢交流阻抗等效电路的电荷传递电阻显著增大，这种变化与缓蚀剂在电极表面的吸附有关。根据添加硫脲前后的电荷传递电阻 R_t 也可以计算出硫脲在 1 mol/L H₂SO₄ 溶液中对低碳钢的缓蚀效率 $\eta = (R_{t缓蚀} - R_{t空白})/R_{t缓蚀} = (342.1 - 166.3)/342.1 = 51.4\%$，这一数值比根据方波线性极化法所测极化电阻计算的缓蚀效率要高一些。

上述实验结果表明，采用失重法、线性极化、塔菲尔极化曲线和电化学交流阻抗技术所测数据，在一定程度上可反映碳钢的腐蚀特性和缓蚀剂的作用效果，这些有关的腐蚀性能参数能够相互补充和对比，在腐蚀实验中综合应用这些方法有利于学生深入了解金属的腐蚀性能及机理。

4. 低碳钢的阴极极化曲线及阴极保护实验

利用阴极极化使金属电位负移,从而减缓或阻止金属腐蚀的方法称为阴极保护。阴极保护作为一种重要的防腐蚀技术手段,在金属防腐工程中得到广泛应用。本实验通过测量低碳钢在硫酸溶液中的阴极极化曲线,确定合适的阴极保护参数并进行实际操作验证,其目的是使学生熟悉阴极保护技术的基本操作过程,并掌握相关技能,使学生具备防腐工程技术人员应有的相关专业知识和技能的要求。

图 25-6 为低碳钢在 1 mol/L H_2SO_4 溶液中的阴极极化曲线,可以看出适宜的阴极保护电位范围为 $-0.60 \sim -0.80 V_{SCE}$,相应的阴极保护电流密度范围为 $8.2 \times 10^{-4} \sim 0.018$ A/cm²。

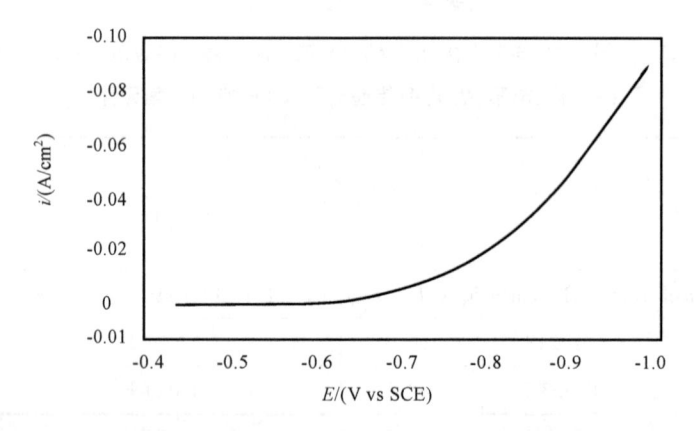

图 25-6 低碳于 25 ℃下,在 1 mol/L H_2SO_4 溶液中的阴极极化曲线

为了考察阴极保护的防腐蚀效果,将尺寸为 5 cm×2 cm×0.15 cm 的低碳钢试样置于 1 mol/L H_2SO_4 溶液中,分别在无保护和实施阴极保护(通过恒电位仪使阴极保护电位设定在 -0.74 V)条件下浸渍 1 h,之后取出试样进行称重。结果表明,无保护的低碳钢试样腐蚀失重量为 3.0 mg,而实施阴极保护的试样重量几乎与浸渍前完全相同,即没有受到腐蚀,得到了完全的保护。

5. 碳钢上电镀锌防护层实验

钢铁表面镀锌是一种应用广泛的钢铁表面防腐蚀方法,镀锌层经过进一步钝化处理后,能够赋予钢铁基体良好的耐大气腐蚀性能。电镀锌溶液有氰化物镀液、锌酸盐镀液、硫酸盐镀液、氯化物镀液等多种类型,其中氰化物镀锌因剧毒和对环境有害,已被限制使用。锌酸盐镀锌可获得结晶细致、光泽度好的镀层,整个过程无毒,废水处理简单,目前在实际生产中应用较多,此处即选用该镀液体系。通过本实验,学生可以了解金属表面电镀锌防腐层的完整工艺过程和条件,掌握基本操作技能。

实验工艺流程及操作条件

在低碳钢基体上进行电镀锌,基本工艺流程如下:取样—打孔—磨光—除油—热、冷水洗—活化—冷水洗—电镀锌—水洗—干燥—出光—钝化—热水(50~60 ℃)洗—烘干(50~80 ℃,10~15 min)—镀层质量检测。

(1) 除油液配方及条件:氢氧化钠 12 g/L,碳酸钠 25 g/L,磷酸三钠 60 g/L,硅酸钠 6 g/L,温度 80 ℃左右,除净为止。

(2) 活化条件:5%~10%盐酸,室温,侵蚀 0.5~2 min。

(3) 电镀锌工艺条件:氧化锌 15 g/L,氢氧化钠 120 g/L,光亮剂 8~10 mL/L,温度 10~40 ℃,阴极电流密度 1~4 A/dm^2,时间可视镀层厚度要求而定,阳极采用纯锌板。

(4) 出光:室温,50 g/L 硝酸水溶液中浸 3~10 秒。

(5) 钝化处理:铬酐(CrO_3) 2~5 g/L,硝酸 25~30 mL/L,硫酸 10~15 mL/L,氢氟酸 2~4 mL/L,温度 10~30 ℃,时间:溶液中 3~10 秒,空气中 5~15 秒。

(6) 镀层质量检测:a) 外观检测;b) 镀层厚度测定,采用金相法或称重法进行;c) 镀层结合力测定。

在此工艺及操作条件下,碳钢试片表面可以获得外观平整均匀、光亮、厚度可调(5~30 μm)且与基材结合良好的锌镀层。

四、结语

对"金属腐蚀与防护"综合性实验进行了内容设计。学生可在教师指导下,尝试完成整个实验过程。该综合性实验不仅可使学生深化对金属腐蚀与防护理论知识的理解,全面了解金属(钢铁)腐蚀与防护的基本实验研究方法,掌握相关的实验操作技能,而且还能在既保持各种实验技术相对独立性的同时,又能将其有机地整合联系起来,综合性强,学生易于在实验中做到融会贯通。该实验还具有一定的自主性和探索性,实验之前,学生必须去图书馆或上网查阅文献资料,补充相关知识,了解实验原理、目的、步骤和数据处理方法等,在教师指导下自主制订出实验方案和操作流程,然后独立完成全部实验。这样可以充分调动学生探索真知的欲望和实际动手的积极性,有助于培养学生的独立分析能力和创新思维,符合当前高校实验教学改革的发展要求。当然,对于上述实验,目前在内容、实验条件设置、操作细节、结果分析及效果评价等方面还有待在实践中进一步完善和优化。

附　录

附录1　清除金属腐蚀产物的化学方法

材料	溶液	时间	温度	备注
铝合金	70%HNO$_3$	2~3 min	室温	随后轻轻擦洗
	20%CrO$_3$+5%H$_3$PO$_4$ 溶液	10 min	79~85 ℃	用于氧化膜不溶于 HNO$_3$ 的情况,随后仍用 70% HNO$_3$ 处理
铜及其合金	15%~20%HCl	2~3 min	室温	随后轻轻擦洗
	5%~10%H$_2$SO$_4$	2~3 min	室温	随后轻轻擦洗
铅及其合金	10%醋酸	10 min	沸腾	随后轻轻擦洗,可除去 PbO
	5%醋酸铵	—	热	随后轻轻擦洗,可除去 PbO
	80 g/L NaOH+50 g/L 甘露糖醇+0.62 g/L 硫酸肼	30 min 或至清除为止	沸腾	随后轻轻擦洗
铁和钢	20%HCl 或 H$_2$SO$_4$ + 有机缓蚀剂	几分钟	30~40 ℃	橡皮擦,刷子刷
	20%NaOH+10%锌粉	5 min	沸腾	
	浓 HCl + 50 g/L SnCl$_2$ + 20 g/L SbCl$_2$	—	室温	溶液应搅拌
镁及镁合金	15% CrO$_3$ + 1% AgCrO$_4$ 溶液	15 min	沸腾	
镍及其合金	15%~20%HCl	—	室温	
	15% H$_2$SO$_4$	—	室温	
锡及其合金	15% Na$_3$PO$_4$	10 min	沸腾	随后轻轻擦洗
锌	10%NH$_4$Cl 然后 5% CrO$_3$ +1%AgNO$_3$ 溶液	5 min / 20 s	室温 / 沸腾	随后轻轻擦洗
	饱和醋酸铵	—	室温	随后轻轻擦洗
	100 g/L NaCN	15 min	室温	

附录 2　常用腐蚀速率单位的换算因子

腐蚀速率单位	换算因子				
	g/(m²·h)	mg/(dm²·d)	mm/a	in/a	mil/a
g/(m²·h)	1	240	8.76/ρ	0.345/ρ	345/ρ
mg/(dm²·d)	4.17×10⁻³	1	3.65×10⁻²/ρ	1.44×10⁻³/ρ	1.44/ρ
mm/a	1.14×10⁻¹ρ	274ρ	1	3.94×10⁻²	39.4
in/a	2.9ρ	696ρ	25.4	1	10³
mil/a	2.9×10⁻³ρ	0.696ρ	2.54×10⁻²	10⁻³	1

注：(1) 1 mil(密耳)=10⁻³ inch(英寸)；1 inch(英寸)=25.4 mm(毫米)；h-小时；a-年；d-天；ρ-材料密度。

(2) 有时，mg/(dm²·d)、in/a、mil/a 可简写为 mdd、ipy、mpy。

附录 3　均匀腐蚀的十级标准

耐蚀性评定	耐腐蚀等级	腐蚀深度/(mm/a)	耐蚀性评定	耐腐蚀等级	腐蚀深度/(mm/a)
Ⅰ 完全耐蚀	1	<0.001	Ⅳ 尚耐蚀	6	0.1~0.5
Ⅱ 很耐蚀	2	0.001~0.005		7	0.5~1
	3	0.005~0.01	Ⅴ 欠耐蚀	8	1~5
Ⅲ 耐蚀	4	0.01~0.05		9	5~10
	5	0.05~0.1	Ⅵ 不耐蚀	10	>10.0

附录 4　常用参比电极在 25 ℃时相对标准氢电极的电位

作为参比电极的电极系统	E(SHE)/V	作为参比电极的电极系统	E(SHE)/V
Pt(H₂,1atm)/HCl(1 mol/L)	0.000	Ag/(AgCl)/Cl⁻(αCl⁻=1 mol/L)	0.222 4
Hg/(Hg₂Cl₂)/KCl(饱和)	0.243 8	Ag/(AgCl)/KCl(0.1 mol/L)	0.290
Hg/(Hg₂Cl₂)/KCl(1 mol/L)	0.282 8	Hg/(Hg₂SO₄)/H₂SO₄(1 mol/L)	0.651 5
Hg/(Hg₂Cl₂)/KCl(0.1 mol/L)	0.336 5	Hg/(HgO)/NaOH(0.1 mol/L)	0.165

附录5 温度对不同浓度 KCl 溶液中甘汞电极电位的影响

温度/°C	甘汞电极的电位(SHE)/V 0.1 mol/L KCl	1 mol/L KCl	饱和 KCl	温度/°C	甘汞电极的电位(SHE)/V 0.1 mol/L KCl	1 mol/L KCl	饱和 KCl
0	0.338 0	0.288 8	0.260 1	30	0.336 2	0.281 6	0.240 5
5	0.337 7	0.287 6	0.256 8	35	0.335 9	0.280 4	0.237 3
10	0.337 4	0.286 4	0.253 6	40	0.335 6	0.279 2	0.234 0
15	0.337 1	0.285 2	0.250 3	45	0.335 3	0.278 0	0.230 8
20	0.336 8	0.284 0	0.247 1	50	0.335 0	0.276 3	0.227 5
25	0.336 5	0.282 8	0.243 8	60			0.219 9

附录6 线性极化技术中的 B 值(文献摘录)

腐蚀体系	B/mV	腐蚀体系	B/mV
Fe/0.5 mol/L H_2SO_4	12.9~14.4	Al,Cu,软钢/海水	5.5
Fe/0.5 mol/L H_2SO_4(加缓蚀剂)	25	Cu/3%NaCl	31
Fe/10%H_2SO_4	43	SS304/3%NaCl(理论值)	21.7
碳钢/0.5 mol/L H_2SO_4	12	Cu,Cu-Ni 合金,黄铜/海水	17.4
不锈钢/0.5 mol/L H_2SO_4	18	碳钢,不锈钢/水(pH=7, 250 °C)	20~25
Fe/1 mol/L HCl	28	碳钢,SS304/水(298 °C)	20.9~24.2
Fe/0.2 mol/L HCl	30	Cr-Ni 不锈钢/Fe^{3+}/Fe^{2+}(缓蚀剂)	52
Fe/1 mol/L HCl	18~23.2	Cr-Ni 不锈钢/$FeCl_3$ 和 $FeSO_4$	52
Fe/HCl+H_2SO_4(加缓蚀剂)	11~21	Fe/有机酸	90
Fe/4%NaCl(pH=1.5)	17.2	Fe/中性溶液	75
碳钢/海水	25	软钢/0.02 mol/L H_3PO_4+缓蚀剂	16~21
Al/海水	18.2		

参 考 文 献

[1] 曹楚南.腐蚀电化学原理[M].3版.北京:化学工业出版社,2008.

[2] 宋诗哲.腐蚀电化学研究方法[M].北京:化学工业出版社,1988.

[3] 吴荫顺,方智,何积铨,等.腐蚀试验方法与防腐蚀检测技术[M].北京:化学工业出版社,1996.

[4] 叶康民.金属腐蚀与防护概论[M].北京:高等教育出版社,1993.

[5] 曾荣昌,韩恩厚.材料的腐蚀与防护[M].北京:化学工业出版社,2006.

[6] 王晓龙,杨森.喷丸和退火对304不锈钢晶间腐蚀性能的影响[J].铸造技术,2010,31(8):985-987.

[7] 郑世平.敏化温度区热处理对C-276合金晶间腐蚀敏感性的影响[J].石油和化工设备,2010,13(9):9-11.

[8] 俞树荣,夏洪波,李淑欣,等.316L不锈钢扩散连接结构晶间腐蚀的研究[J].中国机械工程,2010,21(17):2138-2141.

[9] 王文先,王一峰,刘满才,等.1Cr18Ni9Ti+Q235复合钢板对接焊缝组织和抗腐蚀性能分析[J].焊接学报,2010,31(6):689-692.

[10] 龚利华,张波,王赛虎.超级双相不锈钢焊接接头的耐蚀性能[J].焊接学报,2010,31(7):59-63.

[11] 王风平,康万利,敬和民,等.腐蚀电化学原理、方法及应用[M].北京:化学工业出版社,2008.

[12] 钱苗根,姚寿山,张少宗.现代表面技术[M].北京:机械工业出版社,2000.

[13] 刘秀晨,安成强.金属腐蚀学[M].北京:国防工业出版社,2002.

[14] 谭旭翔,王风平.常温高效磷化液的研制[J].电镀与涂饰,2006,25(12):26-29.

[15] 沈欢,丁言伟,王风平.油田注水系统缓蚀剂评价[J].化学工程与装备,2013,189(9):96-98.

[16] 胡传欣.实用表面前处理手册[M].北京:国防工业出版社,2003.

[17] 胡国辉.金属磷化工艺技术[M].北京:国防工业出版社,2009.

[18] 李华为. 电镀工艺实验方法和技术[M]. 北京:科学出版社,2006.

[19] 胡荫顺. 金属腐蚀研究方法[M]. 北京:冶金工业出版社,1993.

[20] 天华化工机械及自动化研究设计院编,腐蚀与防护手册(第一卷):腐蚀理论、试验及监测[M]. 北京:化学工业出版社,2009.

[21] 潘清林. 金属材料科学与工程实验教程[M]. 长沙:中南大学出版社,2006.

[22] 李久青,杜翠薇. 腐蚀试验方法及监测技术[M]. 北京:中国石化出版社,2007.

[23] 魏宝明. 金属腐蚀理论及应用[M]. 北京:化学工业出版社,2008.

[24] 王风平,朱再明,李明兰. 材料保护实验[M]. 北京:化学工业出版社,2005.

[25] 努丽燕娜,王保峰. 实验电化学[M]. 北京:化学工业出版社,2007.

[26] 胡会利,李宁. 电化学测量[M]. 北京:国防工业出版社,2011.

[27] 贾铮,戴长松,陈玲. 电化学测量方法[M]. 北京:化学工业出版社,2006.

[28] 刘永辉. 电化学测试技术[M]. 北京:北京航空学院出版社,1987.

[29] 阿伦 J 巴德,拉里 R 福克纳. 电化学方法原理和应用[M]. 2版. 邵元华,朱果逸,董献堆,等译. 北京:化学工业出版社,2005.

[30] 魏宝明. 金属腐蚀理论及应用[M]. 北京:化学工业出版社,2008.

[31] Buhler H E, Gerlach L, Greven O, et al. The electrochemical reactivation test (ERT) to detect the susceptibility to intergranular corrosion[J]. Corrosion Science,2003,45:2325-2336.

[32] 王吉会,郑俊萍,刘家臣. 材料力学性能[M]. 天津:天津大学出版社,2006.

[33] 宋诗哲,王吉会,李健. 电化学噪声技术检测核电环境材料的腐蚀损伤[J]. 中国材料进展,2011,30(5):21-26.

[34] Du G, Li J, Wang W K, et al. Detection and characterization of stress corrosion cracking on 304 stainless steel by electrochemical noise and acoustic emission techniques[J]. Corrosion Science, 2011, 53:2918-2926.

[35] Orlikowski J, Darowicki K, Arutunow A, et al. The effect of strain rate

on the passive layer cracking of 304L stainless steel in chloride solutions based on the differential analysis of electrochemical parameters obtained by means of DEIS[J]. Journal of Electroanalytical Chemistry, 2005, 576: 277-285.

[36] 柯伟,杨武.腐蚀科学技术的应用和失效案例[M].北京:化学工业出版社,2006.

[37] 张鉴清.电化学测试技术[M].北京:化学工业出版社,2010.

[38] 洪啸吟,冯汉保.涂料化学[M].2版.北京:科学出版社,2005.

[39] 闫福安.涂料树脂合成及应用[M].北京:化学工业出版社,2008.

[40] 杨春晖,陈兴娟,徐用军,等.涂料配方设计与制备工艺[M].北京:化学工业出版社,2003.

[41] 武利民,李丹.游波.现代涂料配方设计[M].北京:化学工业出版社,2000.

[42] 高延敏,李为立.涂料配方设计与剖析[M].北京:化学工业出版社,2008.

[43] 高瑾,米琪.防腐蚀涂料与涂装[M].北京:中国石化出版社,2007.

[44] 陈长风,路民旭,赵国仙,等.N80油套管钢CO_2腐蚀产物膜特征[J].金属学报,2002,38(4):411-416.